Werner Perrey

STERNBILDER UND IHRE LEGENDEN

Werner Perrey

STERNBILDER
UND IHRE LEGENDEN

Mit einer Einführung von Walther Bühler

Urachhaus

ISBN 3-8251-7172-8

2. Auflage 1999 erschienen im Verlag Urachhaus
© 1997 Verlag Freies Geistesleben & Urachhaus GmbH, Stuttgart
Druck: Offizin Chr. Scheufele, Stuttgart

INHALT

VORWORT 7

KLEINE STERNKUNDE VON WALTHER BÜHLER

Die Anzahl der Sterne 11
Die tägliche Bewegung der Sterne 11
Die jährliche Umdrehung des Sternhimmels 12
Stellung und Bewegung des Tierkreises 13
Das Platonische Weltenjahr 15

FRÜHLINGS-STERNBILDER

Krebs 19
Löwe 23
Jungfrau 27
Schiff Argo 31
Hydra mit Becher und Rabe 35
Fuhrmann 38
Bootes 43
Nördliche Krone 47

SOMMER-STERNBILDER

Waage 53
Skorpion 57
Schütze 61
Zentaur mit Wolf 65
Schlangenträger mit Schlange 69
Schwan 73
Leier 77
Adler und Pfeil 81
Delphin 85

HERBST-STERNBILDER

Steinbock 91
Wassermann und südlicher Fisch 95
Fische 99
Kepheus 102

Kassiopeia 107

Andromeda 111

Perseus. 115

Walfisch. 119

Herkules 123

Drache. 127

WINTER-STERNBILDER

Widder und Dreieck 133

Stier 137

Zwillinge 141

Orion und Hase 145

Fluß Eridanus 149

Kleiner und großer Hund 153

Großer Bär. 157

Kleiner Bär. 161

Pegasus mit Füllen 165

REGISTER 169

LITERATURHINWEISE 173

VORWORT

»Zwei Dinge erfüllen das Gemüt mit immer neuer und stets zunehmender Bewunderung und Ehrfurcht: der gestirnte Himmel über mir und das moralische Gesetz in mir.« Diese Worte Kants stehen als Leitgedanke über diesem Buch. Die abgebildeten Sternbilder wollen zu einem wachen Beobachten des Sternhimmels anregen, die damit verbundenen Legenden das Gemüt und damit die moralischen Kräfte des Menschen ansprechen. Vor allem für Kinder ist es eine große Bereicherung, wenn ihnen die Wunderwelt der Sterne nahegebracht wird. Die Kinder bringen eine unbewußte Liebe zur geistigen Welt mit auf die Erde. Das äußert sich – als moralische Urkraft – in ihrem Erlebnis- und Bilderhunger, der auf Erfüllung wartet. Dieses Bedürfnis kann gestillt werden, wenn den Kindern Mythen, Legenden und Märchen erzählt werden, die tiefe, in Bilder gekleidete Wahrheiten enthalten. Das regt die Phantasiekräfte an und schützt vor den Gefahren späterer Willensschwächung, in deren Folge sich die ungestillte Sehnsucht nach Bildern dann in Comics, passivem Fernsehen oder gar der Drogensucht Erfüllung sucht.

Das Mündigwerden der Individualität führte die Menschheit in ihrer Bewußtseinsentwicklung zum Erwachen für die Erde und zum bildlosen, abstrakten Denken bis hin zum »Cogito, ergo sum«, jenem »Ich denke, also bin ich« des Descartes. Diese Entwicklung zur Naturwissenschaft ist unlösbar mit der modernen Astronomie und der exakten Berechnung der Sternbewegungen verbunden. So wie die Menschheit als Ganzes muß auch der Jugendliche zum selbständigen Denken und Urteilen heranwachsen. Das setzt aber eine wache, aufmerksame Wahrnehmung voraus, die im Umbruch zur Neuzeit von den Entdeckerfreuden eines Kolumbus, des ersten Erdumseglers Magellan und vieler anderer begleitet war.

Die vorliegenden Sternbilder wollen anregen zum eigenen wachen Beobachten des Sternhimmels. Ihr genaues Auffinden soll jedoch nicht nur die Beobachtungsgabe schulen, sondern auch mit vielen kleinen Entdeckerfreuden verbunden sein, impulsiert von der Kraft des Mythengehalts. »Kannst du das Reitersternchen auf dem mittleren Deichselstern des großen Wagens – dem Schwanz des Bären – erkennen? Weißt du, warum der Bär eigentlich eine Bärin ist und nicht im Okeanos baden darf? Hast du am Himmel schon einmal den Perseus gesehen?« Antwort geben die Mythen, die die Sternbilder gleichsam lebendig werden lassen und zeigen, daß sie in einem sinnvollen Zusammenhang zueinander stehen.

Welch ein Erstaunen wird schließlich auch damit verbunden sein, daß der

Anblick der Sternbilder mit jeder Jahreszeit wechselt und daß bestimmte Sterne nur in den Winternächten, andere nur im Sommer zu sehen sind. Warum eigentlich? Dort, wo Interesse und Entdeckerfreude die Brücke von der sachgemäßen Beobachtung zum moralischen Impuls, dem Willen schlagen, entfaltet sich ein gesundes, den ganzen Menschen umfassendes Seelenleben. Auf dem Hintergrund einer solchen, von unserer Zeit geforderten, heilsam auf die Seele wirkenden Volkspädagogik ist das Anliegen dieses Buches zu sehen.

Werner Perrey (1930 – 1992) hat in der Beschäftigung mit der Astronomie seine eigentliche Lebensaufgabe gefunden. In einem der letzten Gespräche vor seinem Tod antwortete er auf die Frage, was der entscheidende Impuls seines Erdenlebens gewesen sei: »Den Menschen die Liebe zum Kosmos vermitteln.« In zehnjähriger Arbeit ist es ihm gelungen, die am Himmel sichtbaren Sterne mit ihren relativen Helligkeiten und dazu die Sternbilder zu erfassen, wie sie noch von den alten Griechen geschaut werden konnten.

Aus ihren Mysterien heraus hatten die Griechen ein Wissen von den Kräften und den hinter diesen Kräften stehenden Wesenheiten, die aus den Sternen auf die Erde wirken. Was in den Mysterienschulen den Schülern begrifflich faßbar gemacht wurde, zeigte man dem Volk in Bildern, in diesem Fall in Sternbildern. Viele dieser Bilder stammen aus der sumerisch-babylonischen Kultur, mehrere Jahrtausende vor unserer Zeitrechnung. In den griechischen Mysterienstätten wie Eleusis, Delphi und Samothrake wurden diese und weitere Bilder mit den Mythen vereinigt, und so entstand im 5./4. Jahrhundert v. Chr. ein in sich zusammenhängendes, sinnvolles und sinngebendes Gesamtbild des gestirnten Himmels.

Werner Perrey ist bis auf die ältesten uns überlieferten Quellen zurückgegangen. Arat von Soloi beschrieb um 270 v. Chr. in seinen »Phainomena« einen Himmelsglobus, dessen Bilder aus der Zeit um 350 v. Chr. stammen. Claudius Ptolemäus verfaßte 138 n. Chr. sein berühmt gewordenes »Handbuch der Astronomie«, genannt »Almagest«. Es enthält unter anderem einen Sternbilderkatalog mit allen zu seiner Zeit bekannten Sternbildern sowie eine Positionsbestimmung der einzelnen Sterne zu diesen Bildern. Nach Ptolemäus Beschreibungen und den ältesten erhaltenen Sternbilderkarten wurden von Werner Perrey die Sternbilder neu gestaltet und von Ursula Rödiger gezeichnet.

Von den 48 Sternbildern, die uns von Ptolemäus überliefert sind, können wir nur 46 ganz oder teilweise sehen. Diese sind auf 36 Bildtafeln abgebildet. Zu jedem Sternbild wird die Legende erzählt, wobei der Verfasser auch hier auf die ältesten Quellen (Homer, Ovid, Nonnos und andere) zurückgegriffen hat. Die Namen der hellsten Sterne sind angegeben und werden erläutert, an einer Skizze wird gezeigt, wann und wo das jeweilige Sternbild am Himmel zu finden ist.

Der Arzt und vielseitig interessierte Wissenschaftler Walther Bühler (1913-1995) gibt eine kleine Sternkunde zur Einführung, die einen Einblick gewährt in die Wunderwelt des Kosmos – Anzahl der Sterne, ihre tägliche Bewegung, die jährliche Umdrehung des Sternhimmels –, in den wir eingebunden sind. Auch Walther Bühler war die Astronomie ein inneres Anliegen. Die »46 Sternbilder und ihre Legenden« erschienen 1980 und 1981 – vierteljährlich den Jahreszeiten zugeordnet - als loser Kartensatz im Schuber beim »Verein für ein erweitertes Heilwesen« in Bad Liebenzell-Unterlengenhardt, dem Walther Bühler jahrelang verbunden gewesen war. Möge diese Arbeit nun als Buch, gleichsam als Vermächtnis der beiden Autoren, ihren Weg zum Leser und Betrachter finden.

Stuttgart, Mai 1997   *Verlag Urachhaus*

KLEINE STERNKUNDE VON
WALTHER BÜHLER

DIE ANZAHL DER STERNE

Die Frage des alten Volksliedes »Weißt du, wieviel Sternlein stehen an dem blauen Himmelszelt?« hat die Astronomie zwar nicht exakt, aber doch in einer überraschenden Weise beantwortet. Für unser bloßes Auge sind - die südliche Sternenhemisphäre eingeschlossen - etwa 7000 Fixsterne erkennbar. Nach ihrer scheinbaren Helligkeit hat man sie in sechs Größenklassen eingeteilt, deren Symbole jeweils nach den Bild-Tafeln verzeichnet sind. Aber schon der schimmernde Schleier der sogenannten Milchstraße löst sich mit Hilfe eines gewöhnlichen Feldstechers in ein Gewimmel von Millionen Lichtpunkten auf. Die modernen Riesenfernrohre, bei denen Fotoplatten viele Stunden lang belichtet werden können, lassen Sterne bis zur 25. Größenordnung aufleuchten. Die Überrechnung führt zu dem Ergebnis, daß allein unser Milchstraßensystem aus vielen Milliarden Sternen besteht. Sie würden ausreichen, um jedem Menschen einen Stern zuzuordnen! Diese Überfülle darf als Ausdruck der schier unfaßlichen göttlichen Schöpfermacht empfunden werden.

DIE TÄGLICHE BEWEGUNG DER STERNE

Die Fixsterne behalten für unseren Anblick streng ihren gegenseitigen Standort bei; sie erscheinen »fixiert« an ihren Platz. Nur deshalb können wir von Sternbildern sprechen.

Trotzdem bietet der nächtliche Sternhimmel einen sich dauernd wandelnden Anblick dar. Tag für Tag gehen, genau so wie Sonne und Mond, auch die Fixsterne auf und unter. Sie ziehen in großen Bögen, die sie unter dem Horizont in 24stündigem Ablauf zu Kreisen vollenden, über den Himmel dahin. Blicken wir zum Osthorizont, so gehen - schräg nach rechts oben ziehend - immer wieder neue Sterne, beziehungsweie Sternbilder, auf. Im Westen aber sind fortwährend, sich weit von Süden nach Norden erstreckend, Sterne im Verschwinden begriffen. Den höchsten Stand im Süden nennt man die »Kulmination« eines Gestirns.

Nur jene Sterne, die wie die Gürtelsterne des *Orion* oder die des Sternbildes *Fische* im Ostpunkt aufgehen, beschreiben genau einen Halbkreisbogen über und unter dem Horizont und sind demnach 12 Stunden zu sehen. Sie stehen im Himmelsäquator. Alle Sterne, die südlicher aufgehen, durchwandern, wie die Sonne im Winterhalbjahr, kleinere und verkürzte Halbkreisabschnitte. Die Sterne hingegen, die nördlich vom Ostpunkt sich erheben, nähern sich immer mehr einer vollendeten Kreisbahn über dem Horizont an und stehen dementsprechend, wie die Sommersonne, länger als zwölf Stunden über dem Horizont. Sternbilder in unmittelbarer Nähe des Polarsterns, also des Himmelnordpols, vollenden Tag und Nacht ihre engen Kreisbahnen und gehen nicht mehr auf oder unter. Sie werden als Zirkumpolarsterne bezeichnet. Der *Große Bär* und die *Kassiopeia* gehören dazu. Am Gegenpunkt des Himmelsnordpols liegt - genau unserem Polarstern gegenüber - der Himmelssüdpol. Wie die Gegenbilder der nördlichen Zirkumpolarsterne kreisen um ihn die südlichen Sterne gleicher Art, welche für einen Beobachter in Australien nie untergehen. In unseren Breitengraden aber können diese Sterne, denen zum Beispiel das »Kreuz des Südens« angehört, nie gesehen werden. Sie bewegen sich unter dem für uns gültigen Horizont und sind deshalb auch in die vorliegenden Sternbilderdarstellungen nicht aufgenommen. Nur für einen Himmelsbeobachter am Erdäquator, für den der Polarstern im Nordpunkt auf dem Horizont liegt, gehen alle Sterne an einem Tage auf und unter und können im Lauf eines Jahres alle gesehen werden.

Diese tägliche Umdrehung des ganzen Himmelsgewölbes ist bekanntlich nur scheinbar. Sie ist die Widerspiegelung der Drehung der Erde als Kugel. Im Grunde erleben wir das Himmelsrund als einen riesigen Hohlspiegel, der Kugelgestalt und Kreisbewegung eines jeden Ortes der Erde wiedergibt. Der Sternfreund aber muß sich erst daran gewöhnen, daß Sternbilder in der gleichen Nacht ganz verschiedene Lagen einnehmen können und manchmal auf dem Kopf zu stehen scheinen.

DIE JÄHRLICHE UMDREHUNG DES STERNHIMMELS

Wie aber kommt es, daß der Sternhimmel in denWinternächten ganz anders aussieht als in den Sommernächten oder daß wir in einer Frühlingsnacht ganz andere Sternbilder am Osthorizont aufgehen sehen als zur gleichen Stunde im Herbst? Aus dem Hinweis zu dem Übersichtsbild nach jeder Tafel geht hervor, daß sich schon nach vier Wochen, zu jedem Monatsbeginn, ihre Stellung am Himmel deutlich verschoben hat.

Angenommen, ein Sternbeobachter stellt fest, daß der Stern *Spica* in der *Jungfrau* in den Frühlingsnächten um 21 Uhr aufgeht. Eine Woche später um die gleiche Zeit wird er entdecken können, daß dieser Stern schon über dem Horizont steht, also eine halbe Stunde früher aufgegangen ist und jetzt bereits das ganze Sternbild *Jungfrau* zu sehen ist. Die noch genauere tägliche Beobachtung zeigt, daß alle Sterne jede Nacht vier Minuten früher aufgehen. Der Sternbeobachter muß also den gewohnten 24stündigen *Sonnentag* vom *Sternentag*, der 23 Stunden und 56 Minuten dauert, scharf unterscheiden. Die Summierung der kleinen Differenz führt zur totalen Verschiebung, ja zu einer ganzen Umdrehung des Sternenhimmels in einem Jahr. Ein Sternbild, das im Frühjahr um sechs Uhr in der Morgenfrühe aufgeht, steigt im Sommer bereits um Mitternacht und im Herbst um 18 Uhr am Osthorizont an der gleichen Stelle empor. In Wirklichkeit dreht sich die Erde bereits in 23 Stunden und 56 Minuten um ihre Achse. Die tägliche Verspätung von vier Minuten kommt durch die Jahresbewegung der Erde um die Sonne zustande, was hier nicht näher ausgeführt werden kann. Für die Sternfreunde ist es aber nützlich zu wissen, daß jeder Stern und damit auch jedes Sternbild nach einem Jahr wieder um die gleiche Zeit an seinem fest bestimmten Ort auf- oder untergeht.

STELLUNG UND BEWEGUNG DES TIERKREISES

Jede Folge dieser Sternbildtafeln enthält drei Sternbilder des sogenannten Tierkreises. Er besteht bekanntlich aus einem breiten Gürtel von zwölf Sternbildern, der den ganzen Himmel umspannt. Die jährliche Sonnenbahn, auch Ekliptik genannt, bildet die zentrale Wegspur im Tierkreis selbst. Von allen ihren Punkten um 90° entfernt liegt der Pol der Ekliptik inmitten des Drachensternbildes, in der Drachenbeuge, nicht allzuweit vom Himmelsnordpol entfernt. Da sich in den Tierkreisbildern auch der Mond und alle Planeten bewegen und nur dort zu sehen sind, ist das Auffinden des Tierkreises von besonderer Wichtigkeit für den Sternenfreund.

Während der *Himmelsäquator* seine Stellung beziehungsweise Höhe auf dem gleichen Breitengrad streng beibehält, wechselt der halbe Tierkreisbogen, der jeweils über dem Horizont zu erblicken ist, bei der täglichen und jährlichen Bewegung des Sternenhimmels laufend seine Stellung. Denn sechs seiner Sternbilder liegen in der nördlichen und die verbleibenden sechs in der südlichen Sternenhemisphäre und weichen dabei um maximal 23° (das sind 46 Vollmondbreiten!) vom Himmelsäquator ab. Deshalb spricht man auch von der schrägen Bahn der Ekliptik! Zum ungefähren Auffinden des Tierkreises wende man den Blick zum Polarstern, also nach Norden. Dann drehe man sich um 180° nach Süden und hat jetzt wie in Gestalt eines vergrößerten Regenbogens die über dem Horizont erschienenen Tierkreisbilder vor sich.

Irgendeines dieser sechs oder sieben Sternbilder muß am Osthorizont aufgehen und das entgegengesetzte am Westhorizont untergehen. Die Erinnerung an den stark wechselnden Aufgang der Sonne im Jahreslauf und an ihre verschiedene Mittagshöhe deutet bereits auf den Wechsel der Tierkreisstellungen hin. Geht doch die Sommersonne zum Beispiel in den Zwillingen weit gen Nordosten hin auf, während die Wintersonne um die Jahreswende im Sternbild Schütze im Südosten erscheint bei gleichzeitigem Untergang des Sternbildes Zwillinge im Nordwesten. Jedes Tierkreisbild hat einen ihm zukommenden, um den genauen Ost- und Westpunkt sich herumgruppierenden, Auf- und Untergangsort. Greifen wir einmal die »Heiligen Nächte« um Mitternacht heraus. Jetzt sind sämtliche sechs Sternbilder, die in der nördlichen Hemisphäre liegen, zu sehen, alle, die von der Sonne im Frühling und Sommer durchzogen werden (s. Fig. 1). Der Tierkreis hat seinen höchsten Stand erreicht, symmetrisch um den Süden angeordnet. Die Jungfrau schickt sich an, im Osten aufzugehen und die Fische verschwinden im Westen. Hoch über uns stehen Stier und Zwillinge in Kulmination. - Der genau entgegengesetzte Anblick bietet sich in einer Sommernacht um Johanni dar (s. Fig. 2). Alle soeben genannten Sternbilder sind verschwunden und die sechs Tierkreisbilder, die in der südlichen Himmelshalbkugel liegen, bilden einen niedrigen Bogen unterhalb des Himmelsäquators. Schütze und Skorpion sind in der südlichen Richtung zu erblicken. Der Johannivollmond zeigt uns dabei wie ein Spiegelbild den Tiefstand der Sonne im Winter und steht nur acht Stunden über dem Horizont.

Zwischen den geschilderten extremen Stellungen des Tierkreises, die sich täglich im Zusammenhang mit der 24stündigen scheinbaren Umdrehung des Sternengewölbes wiederholen, vermitteln zwei Zwischenstellungen, wie an jeder Sternkarte abzulesen ist: Im Frühling um Mitternacht ist der ganze Tierkreis in mittlerer Höhenlage nach Nordwesten verschoben, wo das Sternbild Zwillinge untergeht. Die Jungfrau kulminiert im Süden. Zwölf Stunden später - um die Mittagszeit - hat der Tierkreisgürtel mit der Sonne und den Fischen die entgegengesetzte Lage, die aber wegen des Tageslichtes nicht erkannt werden kann. Er wird in dieser Form erst in den Herbstnächten sichtbar, wenn das Sternbild Zwillinge im Nordosten aufsteigt und sich der ganze Tierkreisbogen entsprechend nach Osten verlagert hat. Die tägliche

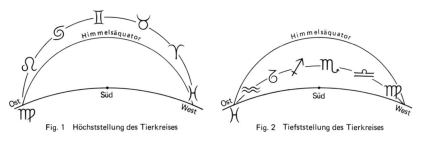

Fig. 1 Höchststellung des Tierkreises   Fig. 2 Tiefststellung des Tierkreises

Bewegung des Tierkreisbogens über dem Horizont ist also eine sehr komplizierte. Höchst- und Tiefstellung in ihrem Auf und Ab verweben sich mit der Verschiebung um den Ost- und Westpunkt zu einer lemniskatischen Gesamtbewegung.

DAS PLATONISCHE WELTENJAHR

Die beiden *Schnittpunkte* der Sonnenbahn mit dem Himmelsäquator werden bekanntlich Frühlings- und Herbstpunkt genannt. Diese Umschwungspunkte liegen zur Zeit im Sternbild Fische und Jungfrau einander gegenüber. Der jeweilige Sonnenstand in ihnen zur Tag- und Nachtgleiche, (der zugleich den Wechsel der Sonne von der südlichen Sternenhalbkugel in die nördliche und umgekehrt bedeutet), bestimmt den Anfang von Frühling und Herbst. Nur an diesen beiden Tagen geht die Sonne genau im Osten und pünktlich um sechs Uhr Ortszeit auf.

Der Frühlingspunkt wandert langsam und majestätisch durch den ganzen Tierkreis, was schon im Altertum beobachtet wurde. Der alte Ägypter sah zu Frühlingsbeginn eine Stunde vor Sonnenaufgang am Osthorizont den Widder. Die Sonne stand damals im Stier, der bei Sonnenaufgang überstrahlt war von ihrem Glanz. Der alte Grieche erblickte an der gleichen östlichen Himmelsstelle zur gleichen Jahres- und Tageszeit die Fische. Der Frühlingspunkt war in den Widder vorgerückt und steht bekanntlich heute am Ende des Sternbildes Fische. Er wird bereits im nächsten Jahrhundert in das Sternbild Wassermann überwechseln.

Die Sternbilder verrücken also ihren Aufgangsort im Osten. Das Sternbild Zwillinge zum Beispiel, das vor etwa 7000 Jahren im Osten aufging, erscheint zur Zeit weit im Nordosten. Wenn sich unsere Nasenspitze auch nur um einen Zentimeter nach rechts oder links verschiebt, bewegt sich der *ganze* Kopf! Dies gilt auch für das Fixsterngewölbe. In der Tat ist an der Wanderung des Frühlingspunktes - oder der Sternbilder durch ihn hindurch - eine gigantische Bewegung des ganzen Sternenhimmels abzulesen. Es handelt sich um das - zumeist zu einseitig vorgestellte - Platonische Weltenjahr mit der Länge von 25920 Jahren. In dieser Zeit umläuft zum Beispiel auch der oben angeführte Ekliptikpol den Himmelsnordpol und es treten im Laufe der Jahrtausende immer neue Sterne in die Funktion des Polarsterns ein. Zum Schluß sei noch darauf hingewiesen, daß dieser umfassende Rhythmus ein Spiegelbild der kegelförmigen Bewegung der Erdachse selber ist, die sich alle 2160 Jahre einem anderen Tierkreisbild zuneigt.

FRÜHLINGS-STERNBILDER

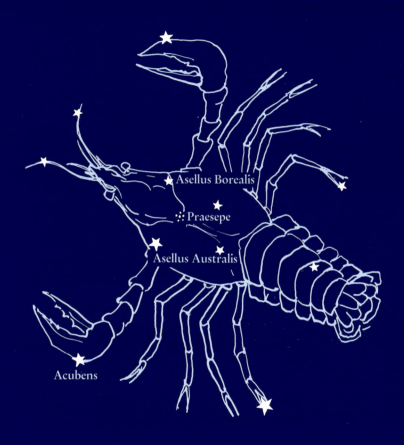

Asellus Borealis

Praesepe

Asellus Australis

Acubens

KREBS

Krebs

Aus Darstellungen in ägyptischen Tempeln wissen wir, daß die Ägypter an der Stelle unseres Tierkreisbildes *Krebs* ihren heiligen Käfer Skarabäus sahen, den sie auf unzähligen Amuletten, Siegeln usw. abbildeten. Er galt ihnen als eine besondere Erscheinungsform der Sonne und als ein Symbol der Wiedererneuerung.

Die alten Griechen sahen in diesem Sternbild den Krebs, den die Göttin Hera dem Herakles schickte, während dieser mit der lernäischen Schlange (–> Sternbild *Hydra*) kämpfte.

König Eurystheus hatte dem Helden Herakles als zweite Arbeit aufgetragen, die Hydra von Lerna zu töten. Zunächst kämpfte Herakles vergeblich mit dem neunköpfigen Schlangenungeheuer. Für jeden Kopf, den er ihm abschlug, wuchsen aus der blutenden Wunde zwei oder drei neue hervor, und der Held brauchte all seine Aufmerksamkeit, um deren giftige Bisse abzuwehren.

Die Göttin Hera war dem Herakles von seiner Geburt an übel gesonnen. Sie verfolgte ihn, weil er ein Sohn ihres Gatten Zeus aus der Verbindung mit einer Sterblichen war. Doch alle Widerstände, die sie Herakles in den Weg legte, erwiesen sich als Prüfungen seiner Kräfte und stärkten sein Selbstvertrauen. So geschah es auch während seines Kampfes mit der Hydra von Lerna. Hera wollte ihn von der Hydra ablenken, damit diese ihm in einem Moment der Unaufmerksamkeit einen tödlichen Biß zufügen konnte. Aus dem Sumpf ließ sie einen großen Krebs aufsteigen, der den Helden von hinten anging und mit seinen Scheren in die Ferse zwickte. Herakles drehte sich nach dem Krebs aber nicht um, was Hera erreichen wollte, sondern er zertrat ihn, nach hinten ausholend, mit einem gewaltigen Fußtritt. Hera soll es gewesen sein, die den Krebs als Sternbild verewigt hat.

Für die Römer war der offene Sternhaufen Praesepe eine Krippe voll Heu, an der zwei Eselchen standen, der südliche und der nördliche Esel, und so heißen die entsprechenden Sterne noch heute. Krippe und Esel sollen von Zeus verstirnt worden sein, aber warum, das wissen wir nicht.

Es ist merkwürdig, daß es nicht mehr Legendäres über das Sternbild Krebs gibt. Vielleicht deshalb, weil auch seine Sterne unauffällig sind. Wenn wir annehmen dürfen, daß auch die Festlegung dieses Sternbildes nicht zufällig, sondern aus einer höheren Weisheit heraus geschah, dann kommen wir dem Geheimnis sicher auf die Spur, wenn wir uns mit dem Tier Krebs näher beschäftigen. Wir wollen deshalb im folgenden einige Gedanken zum Wesenhaften des Krebses hinzufügen, damit uns das Sternbild vertrauter wird.

Der Krebs lebt im Wasser und atmet durch Kiemen wie ein Fisch. Gelegentlich schwimmt er auch, aber tagsüber hält er sich gerne in seiner Höhle unter einem Stein oder in ähnlichen Verstecken auf und geht erst nach Anbruch der Dunkelheit auf Nahrungssuche aus. Noch vor Jahrzehnten waren unsere Bäche, Flüsse und Seen reich an Krebsen. Wer heute einen Krebs beobachten will, muß schon in einen zoologischen Garten gehen.

Sieht man einen Krebs vor sich, dann fällt zuerst sein Panzer auf. Dieser umschließt das Tier wie mit einer Rüstung. Kopf- und Brustteil sind starr, während das Hinterteil aus beweglichen Ringen zusammengesetzt ist. Die langen Fühler tasten alles Unbekannte ab. Nur langsam bewegt sich der Krebs mit seinen gelenkigen Beinpaaren nach vorn, die großen Scheren als Waffen vor sich hertragend.

Naht ein Feind oder droht eine Gefahr, zieht sich der Krebs sofort in ein Versteck zurück. Durch kräftige Schläge des Hinterleibes nach unten und nach vorn schießt er schnell rückwärts. Dies ist ein wesentliches Unterscheidungsmerkmal zum Verhalten der Fische. Diese wenden sich ständig der Welt zu, die sie vor sich haben und stoßen die hinter ihnen liegende Welt zurück. Krebse dagegen bewegen sich nur vorsichtig nach vorn, halten ihre Scheren bereit und flüchten im blinden Vertrauen auf die Welt hinter ihnen so schnell wie möglich dorthin zurück. Auch das Sternbild Krebs bewegt sich am Himmel scheinbar rückwärts.

Der Atemvorgang ist bei Krebs und Fisch unterschiedlich. Das Atemwasser des Krebses strömt durch eine Spalte an der Hinterseite des Brustpanzers ein und nach vorn durch eine Öffnung nahe am Kopf wieder aus. Der Atemstrom der Fische ist mit unserem Einatmen vergleichbar, der Atemstrom des Krebses mit unserem Ausatmen, denn er stößt seinen Atem nach vorne weg.

Um zu wachsen häutet sich der Krebs von Zeit zu Zeit, er muß seinen starren Panzer ablegen. Dieser weisheitsvolle Vorgang geschieht so: der Krebs beginnt zu fasten, wodurch sein Panzer lockerer sitzt. Gleichzeitig befördert er aus seiner Haut Kalk in einen dafür bestimmten Raum in seinem Magen und speichert ihn dort. Dies geschieht so lange, bis der Brustpanzer einen Riß bekommt. Jetzt befreit sich das Tier aus seinem Gehäuse und hält sich einige Zeit verborgen, denn ohne Panzer ist es völlig wehrlos. In dieser Zeit wächst der Krebs und erneuert seine abgebrochenen Teile. Dann setzt er in seiner Haut wieder Kalk ab, baut sich einen neuen Panzer und führt sein Leben in gewohnter Weise weiter.

Welch ein merkwürdiges Wesen ist doch der Krebs, auf der Erde und als Sternbild!

SO   S   SW

Feb.   1.   24^{00} Uhr   **März**   1.   22^{00} Uhr   **April**   1.   21^{00} Uh

        15.   23^{00} Uhr   15.   21^{00} Uhr   15.   20^{00} Uh

                                                                                           * Sommerze

Die schwach leuchtenden Sterne des Sternbildes Krebs sind nur bei klarem Sternhimmel außerhalb der Großstäd
zu sehen. Wir finden sie zwischen dem Sternbild des Löwen und dem der Zwillinge, im März hoch im Süden, i
April im Südosten und im Mai nach Westen zu, absteigend, jeweils am Abendhimmel.

Die Namen der Sterne bedeuten:

Acubens (arabisch)   = Schere (des Krebses)   Asellus Borealis (lateinisch) = Nördlicher Esel
Asellus Australis (lateinisch) = Südlicher Esel   Praesepe (lateinisch)   = Krippe

Sterngrößen:

0   1   2   3   4   5
und heller   und schwäch

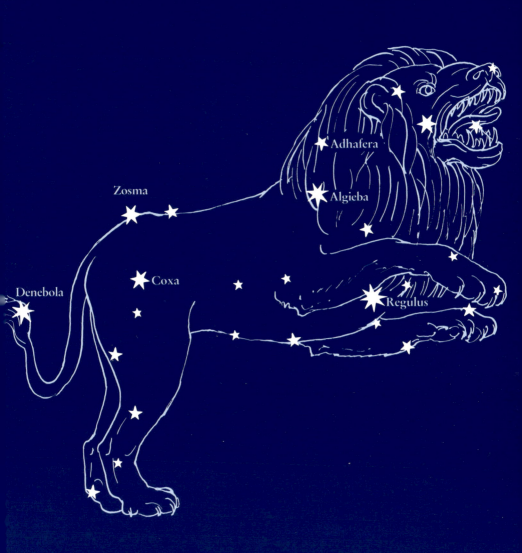

Adhafera

Zosma

Algieba

Coxa

Denebola

Regulus

LÖWE

Löwe

In diesem Sternbild des Tierkreises sahen die alten Griechen den Löwen von Nemea, den ihr großer Held Herakles mit seinen Händen erlegte. Vom Orakel in Delphi war ihm zur Lösung einer Schuld aufgetragen worden, dem König Eurystheus zu dienen und zehn Arbeiten – daraus wurden dann zwölf – für ihn auszuführen. Obwohl es dem Helden schwerfiel, nahm er diesen Schicksalsspruch an und begab sich zu König Eurystheus nach Tiryns.

Die erste Aufgabe, die ihm der König stellte, bestand darin, den Löwen von Nemea zu töten. Dieser war ein riesiges Tier mit einem Fell, dem weder Eisen noch Bronze oder Steine etwas anhaben konnten. Denn es war kein gewöhnlicher Löwe, sondern ein von den Göttern zur Prüfung des Herakles hervorgebrachtes Tier. Es wurde erzählt, daß die Mondgöttin Selene ihn geboren hatte. In den Bergen von Nemea trieb er sein Unwesen und ihm konnte niemand etwas anhaben, weil er unverwundbar war. Als Plage des ganzen Landes wurde er von allen Menschen gefürchtet.

Nur Herakles fürchtete sich nicht, als der König ihm die erste Aufgabe stellte. Er nahm nur Bogen und Pfeile und seine gewaltige Keule mit, die er sich aus einem Ölbaum geschnitten hatte, und begab sich auf die Suche nach dem Löwen.

Um die Mittagszeit erreichte der Held Nemea. Dort fand er aber keinen Menschen, der ihm den Weg zu der Höhle des Löwen zeigen konnte, denn das wilde Tier hatte schon die ganze Gegend entvölkert. Da stieg Herakles auf einen Berg um Ausschau zu halten. Er sah weder den Löwen noch irgendwelche Zeichen, die auf seine Anwesenheit deuteten. Den ganzen Nachmittag durchstreifte er den dichtbelaubten Wald. Erst gegen Abend entdeckte er das große Tier, wie es auf einem Waldweg von seinem Raubzug zurückkam. Es kam gerade auf ihn zu.

Herakles verbarg sich hinter einem Gebüsch bis der Löwe so nahe herangekommen war, daß er seine Pfeile gegen ihn abschießen konnte. Den ersten schoß er ihm in die Flanke, zwischen Rippen und Hüfte, aber der Pfeil prallte von dem dicken Fell wie von einem Stein zurück und fiel zu Boden. Der Löwe hatte etwas gespürt, denn er hob seinen vorher zur Erde gekehrten Kopf hoch, sperrte den Rachen mit den entsetzlich anzusehenden Zähnen weit auf und ließ seine Augen nach allen Seiten rollen, um den Feind zu entdecken.

Als das wildgewordene Tier jetzt aufsprang und Herakles für einen Augenblick die Brust entgegenstreckte – diesen Augenblick sehen wir im Sternbild – da schoß dieser schnell einen zweiten Pfeil ab, um es mitten ins

Herz zu treffen. Auch dieser Pfeil konnte das Fell nicht durchdringen, prallte von der Brust ab und fiel zu Füßen des Tieres auf den Boden.

Herakles griff nach dem dritten Pfeil, als ihn der Löwe erblickte. Vor Zorn sträubte sich seine Mähne, den langen Schweif zog er bis zu den hinteren Kniekehlen an sich heran und setzte zum Sprung gegen den Feind an. Schnell warf Herakles die noch übrigen Pfeile und den Bogen weg und griff nach seiner Keule. Mutig stellte er sich dem Löwen und versetzte ihm mit seiner Keule einen solchen Schlag auf das Maul, daß diese dabei zerbrach. Der Löwe aber wich in seine Höhle zurück, deren Eingang ganz nahe war.

Betrübt sah Herakles auf seine zerbrochene Keule, doch er gab den Kampf nicht auf. Zuerst verschloß er den Eingang der Höhle mit Steinen, denn er hatte am Nachmittag auf der Suche nach dem Löwen entdeckt, daß es noch einen zweiten Eingang gab. Durch diesen betrat er jetzt mutig die Höhle des Löwen, ging unerschrocken auf ihn zu und begann mit ihm zu ringen. Er hielt seinen rechten Arm fest um den Hals des Tieres geschlungen, drückte ihm mit den Knien die Weichen ein und hielt solange fest, bis es keine Luft mehr bekam und erstickte.

Auf seinen Schultern trug der starke Held den toten Löwen zum König, der sich entsetzte und sich vor beiden fürchtete.

Als Herakles jetzt versuchte, dem Löwen das Fell abzuziehen, kam er diesem mit keiner Waffe, mit keinem Eisen, bei. Da hatte er eine plötzliche Eingebung – er nahm die messerscharfen Klauen des Löwen, und damit konnte er das Fell aufschneiden und ablösen. Dieses undurchdringliche Löwenfell legte sich Herakles wie einen Mantel um die Schultern und trug es als einen Panzer, der ihn vor allen Gefahren schützte. Das Löwenhaupt war sein Helm und wurde der Graus aller Feinde.

Zeus aber hat zur Erinnerung an den erfolgreichen Kampf des Herakles den ungewöhnlichen Löwen als Sternbild an das Firmament gesetzt. Sein herrlicher Hauptstern *Regulus* = Kleiner König im Herzen des Löwen weist auf das Königliche dieses Tieres und das Besondere dieses Sternbildes hin.

	SO	S	SW

März 1. 24⁰⁰ Uhr   **April** 1. 23⁰⁰ Uhr*   **Mai** 1. 21⁰⁰ Uhr
     15. 23⁰⁰ Uhr   15. 22⁰⁰ Uhr*   15. 20⁰⁰ Uhr

                                                             * Sommerze

Im Februar und März steigt das Sternbild Löwe am Abendhimmel zwischen Osten und Südosten auf und steht i
April hoch im Süden (→ Bild). Im Mai finden wir es im Südwesten, wo es immer noch sehr hoch steht.

Die Namen der Sterne bedeuten:

Adhafera (arabisch)   = Haarsträhne   Coxa (lateinisch)   = Hüfte, Haxn
Denebola (arabisch) = Abgeleitet von »Schwanz des Löwen«   Regulus (lateinisch) = Kleiner König

Sterngrößen:

   0   1   2   3   4   5
und heller   und schwäch

Alaraph

Vindemiatrix

Arich

Minelauva

Heze

Spica

JUNGFRAU

Jungfrau

Dieses Sternbild des Tierkreises ist eines der geheimnisvollsten. Die Babylonier nannten es einfach »Kornähre«, und so heißt bis heute sein Hauptstern, die *Spica* (= Kornähre). Bei den alten Griechen war es immer eine Jungfrau. In ältester Zeit wurde sie Kore = das Mädchen genannt. Man sah in ihr die himmlische Persephone, die Tochter der großen Göttin Demeter. Wie Pluton, der Gott der Unterwelt, sie raubte, und wodurch sie wieder befreit wurde, soll hier nach der ältesten Fassung, dem »Homerischen Hymnos an Demeter« erzählt werden.

Einst tanzte die zarte Jungfrau Persephone mit Athene, Aphrodite und anderen himmlischen Jungfrauen auf einer Wiese, als diese sich plötzlich mit einer zauberhaften Blütenpracht bedeckte. Voller Freude über diese Schönheit liefen die Mädchen hierhin und dorthin und pflückten die schönsten Blumen. Nur Persephone blieb zurück. Vor ihr war aus dem Boden eine wunderschöne Narzisse herausgewachsen und ihr schien, als ob die Zauberblume sie anschauen würde. Im Sonnenlicht glänzte ihre zarte, weiße Krone und aus ihrem goldenen Herzen entströmte ein berauschender Duft, dem sich Persephone ganz hingab. Sie pflückte die Wunderblume und merkte gar nicht, wie sich in diesem Augenblick die Erde neben ihr auftat. Aus dem Erdspalt kam Pluton, der Herrscher im Reich der Schatten, in einem Wagen heraufgefahren, den schwarze Pferde zogen. Er ergriff Persephone und zog die sich Sträubende zu sich in den Wagen. Der Wagen versank, der Erdspalt schloß sich wieder und aus der Tiefe der Erde erklang der Ruf des geraubten Mädchens: »Zu Hilfe, Mutter, Mutter!«

Die Mutter Demeter hatte im Olymp den Hilferuf ihrer Tochter gehört. Als sie aber herbeistürzte, konnte sie keine Spur der heißgeliebten Tochter, die im Boden verschwunden war, entdecken. Mit leuchtenden Fackeln durchirrte sie vergeblich die Welt. Niemand konnte oder wollte ihr die grausame Wahrheit sagen, bis sie der fackelschwingenden Hekate begegnete, die sie zum Sonnengott Helios geleitete. Von ihm, der alles weiß, erfuhr Demeter nun, daß Pluton ihre Tochter im Einverständnis mit dem großen Zeus geraubt habe, und daß sie jetzt als seine Gattin die Herrin des Totenreiches sei.

Da erfaßte ein wilder Zorn die verzweifelte Mutter. Sie kehrte nicht in den Olymp zurück, sondern mied die Himmlischen und kam in der Gestalt einer armen, alten Frau zum Haus des Herrschers Keleos von Eleusis. Dort übernahm sie die Erziehung des jungen Triptolemos, des Königssohnes. Als sie ihn eines Tages im göttlichen Feuer zur Unsterblichkeit läutern wollte, kam die entsetzte Mutter hinzu und störte die Handlung.

Jetzt erst gab sich Demeter zu erkennen und sprach: »Oh, ihr verblendeten Menschen, ihr törichten! Ob euch ein gutes, ob euch ein schlimmes Geschick beschieden, ihr könnt es nicht ahnen.«

Sie befahl dann, daß man ihr auf einem weit vorspringenden Hügel über einer Quelle einen mächtigen Tempel errichten sollte, und so geschah es. In diesem Tempel lebte Demeter fortan, wurde von den Menschen sehr verehrt und grollte den anderen Göttern. Sie kümmerte sich nicht mehr um das Blühen und Gedeihen der nährenden Erde. Mißernten, Not und Hunger drohten den Menschen und die Götter erhielten keine Opfer mehr.

Da sandte Zeus die goldgeflügelte Iris zu der um ihre Tochter trauernden Demeter. Die jedoch blieb unerbittlich und verlangte zuerst die Freiheit für ihr Kind. So wurde der Götterbote Hermes in den Hades geschickt, um Persephone wieder heraufzuholen. Pluton ließ es geschehen, denn dadurch, daß das Mädchen in seinem Reich von einem Granatapfel gekostet hatte, war sie ihm auf immer verfallen. Zeus konnte der trauernden Demeter deshalb nur verkünden, daß ihre Tochter fortan ein Drittel des Jahres im dämmernden Dunkel der Erde verweilen müsse, aber zwei Drittel bei ihrer Mutter im Kreise der übrigen Götter sein dürfe.

Hermes brachte das Götterkind aus dem Dunkel zum Licht zurück. Nun gehorchte Demeter dem Ruf des Göttervaters und ließ auf der Erde wieder Blätter und Blüten sprießen und Früchte reifen. Triptolemos aber, der von Demeter erzogene Sohn des Herrschers von Eleusis, wurde von der Göttin in die Geheimnisse des Getreideanbaues eingeweiht. Und nun feierten die Menschen in Eleusis den »Aufstieg der Kore« mehr als tausend Jahre lang.

In späterer Zeit sahen die alten Griechen im Sternbild der Jungfrau auch die göttliche Sternenjungfrau Astraea, auf Deutsch »die Redlichkeit« oder auch Dike, die personifizierte Gerechtigkeit. Nach einer alten Legende weilte Dike früher unter den Menschen. Das war damals, als das Goldene Geschlecht auf Erden lebte. Als danach das Silberne Geschlecht kam und die Menschen schlechter wurden, zog sich Dike in die Berge zurück und erschien nur noch zu besonderen Anlässen, um die Menschen wegen ihrer Schlechtigkeit zu ermahnen. Als nach diesen das Eherne Geschlecht auf der Erde lebte, flog Dike aus Enttäuschung über die herrschende Un-gerechtigkeit zum Himmel, von dem sie seither den Menschen als Stern-bild der *Jungfrau* nur noch nächtlich erscheint.

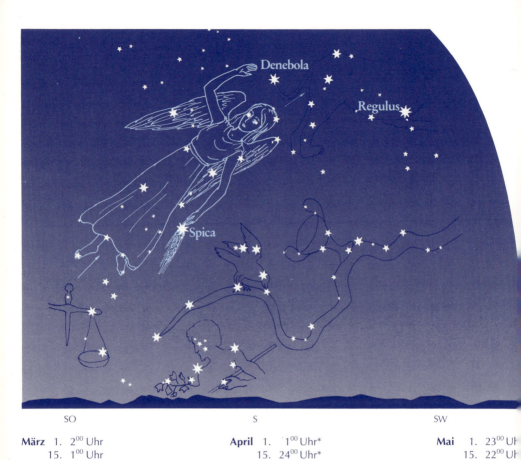

SO   S   SW

März 1. 2^{00} Uhr   **April** 1. 1^{00} Uhr*   **Mai** 1. 23^{00} Uh
        15. 1^{00} Uhr   15. 24^{00} Uhr*   15. 22^{00} Uh
                                                         * Sommerze

Unser Übersichtsbild zeigt das Sternbild Jungfrau zwei Stunden *nach* seinem Aufgang. Man kann es Mitte Mä
schon um 23^{00} Uhr und Mitte April um 22^{00} Uhr (Sommerzeit) zwischen Osten und Südosten *im* Aufgang sehe
Das Sternbild Jungfrau läßt sich auch auf folgende Weise finden: Verbindet man die drei Schwanzsterne des Große
Bären am Himmel in Gedanken durch eine Linie und führt diese gebogene Linie weiter, so trifft sie zuerst auf de
Stern Arcturus im Bootes und dann auf die Spica, den Hauptstern im Sternbild Jungfrau.

Die Namen der Sterne bedeuten:

Spica (lateinisch)   = Kornähre
Vindemiatrix (lateinisch) = Abgeleitet von »vindemiator« = Winzer

Sterngrößen:

0   1   2   3   4   5
und heller   und schwäch

Azmidiske

Markeb

Naos

Alsulhai

Canopus

Tureis

SCHIFF ARGO

Schiff Argo

Im Waldgebirge des Pelikon wuchs unter der Obhut des weisen Kentauren Chiron ein Jüngling auf, der Iason, auf Deutsch:»der Heiler«, genannt wurde. Als er groß und stark war, klärte Chiron ihn darüber auf, daß sein wirklicher Name Diomedes war und er der Sohn eines von seinem Halbbruder Pelias entmachteten Königs sei. Da konnte Iason nichts mehr halten. Er zog zum Königshof, um sein Erbe zu verlangen.

Am Königshof angekommen, sagte der Jüngling kühn zu seinem Oheim, daß er den Anspruch auf den Thron seines Vaters habe. Pelias, durch ein Orakel gewarnt, konnte ihm dies nicht abschlagen. Um den unerwünschten Rivalen auf eine unverdächtige Weise loszuwerden, verlangte er jedoch von Iason, daß er zuvor durch eine große Heldentat seinen Mut zum Regieren beweisen müsse. Er sollte das Goldene Vlies aus Kolchis zurückholen und damit das Land von einem Fluch befreien. Iason erfuhr nun die Geschichte von dem Widder mit dem goldenen Fell (–> Sternbild *Widder*). Das Orakel von Delphi hatte verkündet, daß erst dann das Land Iolkos zu Wohlstand kommen würde, wenn mit dem Goldenen Vlies auch der Geist des Phrixos in seine Heimat zurückkehren könnte.

Iason, der die wirkliche Absicht seines Oheims nicht durchschaute, willigte mutig ein. Im ganzen Land ließ er Freiwillige für sein Abenteuer werben und gab den Auftrag, ein Schiff für 50 Ruderer zu bauen. Nie zuvor war in Griechenland ein so großes Schiff gebaut worden. Nur durch die Eingebungen der Göttinnen Hera und Athene, die beide Iason wohlgesonnen waren, konnte der Baumeister Argos das Wunderwerk zustandebringen. Er nahm dazu ein besonderes Holz, das »der Löwe« genannt wurde, weil ihm weder Wasser noch Feuer etwas anhaben konnte. In den Bug des Wunderschiffes setzte Athene selbst einen Orakelbalken ein, der aus einer von ihrem Vater Zeus zu Dodona geweihten Eiche stammte und dem Schiff für wichtige und gefährliche Augenblicke die Fähigkeit zu sprechen gab.

Als der Bau vollendet war, stiegen die 50 besten Helden Griechenlands, die Iason um sich versammelt hatte, ein. Sie wurden die »Argonauten« genannt. Hier seien nur Castor und Polydeukes, Idas und Lynkeus (–> Sternbild *Zwillinge*) und Herakles hervorgehoben. Als alle eingestiegen waren, begann der Orakelbalken zum ersten Mal zu sprechen und trieb sie zur Abfahrt. Für lange Zeit sollte das Schiff Argo, dessen Name »die Schnelle« bedeutet, die Heimat der Helden sein. Mancherlei gefährliche Abenteuer hatten sie zu bestehen, bevor sie ihr Ziel erreichten. Auf der Insel Kapidagi wurden sie von Giganten mit sechs Armen angegriffen, die den Hafenausgang mit Felsen blockierten, um das Schiff einzuklemmen.

Unter der Führung von Herakles besiegten sie die Ungeheuer und konnten wieder das freie Meer erreichen. Geier mit messerscharfen Federn griffen die Seeleute auf Aia, der Insel des Ares, an, so daß sie sich unter ihren Schilden verstecken mußten. Mit diesen machten sie dann solch großen Lärm, daß die Vögel entflohen.

Nach diesen und weiteren Abenteuern erreichten die Argonauten endlich Kolchis am Ostufer des Schwarzen Meeres. Zuerst versuchte Iason beim König Aietes auf friedlichem Wege die Herausgabe des Goldenen Vlieses zu erreichen. Der König jedoch weigerte sich und bedrohte ihn und die übrigen Argonauten mit dem Tode, wenn sie sein Land nicht sofort verlassen würden. Doch das Glück kam ihnen zu Hilfe, denn Medea, die Tochter des Königs, hatte sich sogleich in den kühnen Helden Iason verliebt. Sie konnte ihren Vater beschwichtigen, der sich jetzt zum Scheine bereit zeigte, Iason nach bestandenen Prüfungen das Goldene Vlies auszuliefern. Mit Hilfe der Zauberkünste von Medea bestand Iason alle Prüfungen, aber trotzdem verweigerte der König ihm das Goldene Vlies und wollte die Argonauten in der kommenden Nacht umbringen lassen. Medea erfuhr davon. Nachdem Iason ihr versprochen hatte, sie nach Griechenland mitzunehmen und zu heiraten, ersann sie einen Plan zum Raub des Goldenen Vlieses und zur Flucht.

Im Dunkel der Nacht führte Medea Iason zum heiligen Hain des Ares, in dem das Goldene Vlies an einer hohen Eiche hing, bewacht von einem riesigen Drachen, der niemals schlief. Mit Liedern konnte sie den Drachen einschläfern und rieb dann seinen Kopf mit einer magischen Salbe ein, die den Schlaf verlängern sollte.

Während Medea das tat, nahm Iason das Goldene Vlies an sich, und beide eilten zum Strand, wo die Argo zur Abfahrt bereit lag. Alle konnten glücklich entkommen, wurden aber später von König Aietes verfolgt, und Iason lud weitere Schuld auf sich, als er von Medea angestiftet zur eigenen Rettung ihren Bruder umbrachte. So verlor er die Gunst der Götter. Erst nach langen Irrfahrten, auf denen einige der Argonauten ihr Leben lassen mußten, erreichten sie die Heimat. Iason brachte das Goldene Vlies nach Boiotien und hing es in einem Tempel des Zeus auf. Das Schiff Argo zog er auf den Strand des Isthmos von Korinth und weihte es dem Poseidon.

Als Iason im hohen Alter wieder nach Korinth kam, setzte er sich im Schatten der Argo nieder und erinnerte sich seines vergangenen Ruhmes. Da brach das morsch gewordene Schiff auseinander und er wurde vom Bugteil erschlagen. Das Heck, das an dieser Tat unschuldig war, versetzte Poseidon zum Andenken an die abenteuerliche Fahrt der Argonauten als Sternbild an den Himmel.

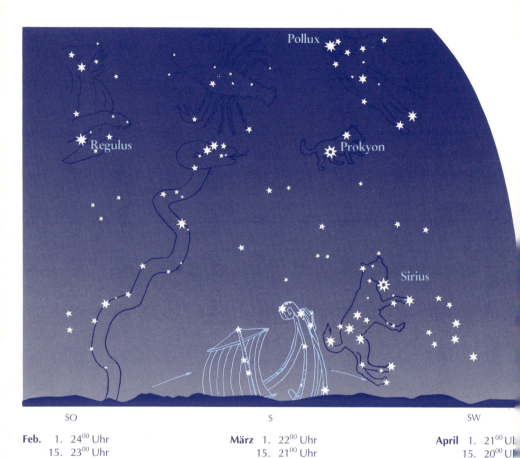

SO   S   SW

Feb. 1. 24^{00} Uhr   **März** 1. 22^{00} Uhr   **April** 1. 21^{00} Uh
      15. 23^{00} Uhr   15. 21^{00} Uhr   15. 20^{00} U
                                                         * Sommerze

Vom Schiff Argo können wir in Mitteleuropa jene Sterne am Abendhimmel sehen, die das Heck und einen Teil d
Segels bilden, und diese auch nur von Februar bis April. Man muß schon sehr weit nach Süden fahren, um a
Sterne sehen zu können, die unser Titelbild zeigt.

Die Namen der Sterne bedeuten:

Canopus (griechisch) = Abgeleitet von Kanobos. So hieß in der griechischen Mythologie der Steuermann
                         des Menelaos auf der Rückfahrt von Troja.
Markeb (arabisch)   = Schiff
Tureis (arabisch)   = Schild

Sterngrößen:

0   1   2   3   4   5
und heller   und schwäc

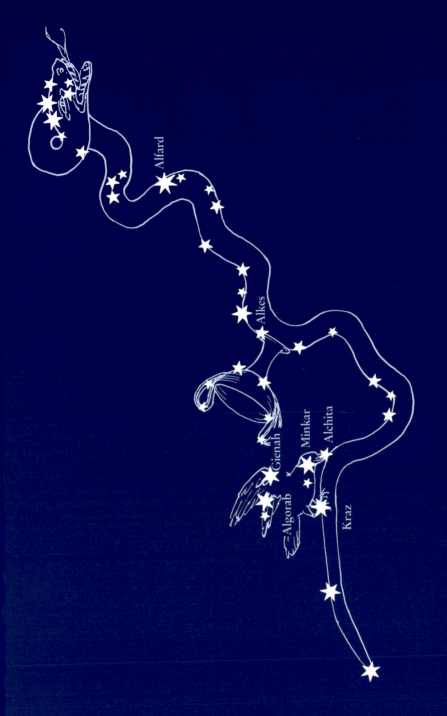

Alfard

Alkes

Gienah

Algorab

Minkar

Alchita

Kraz

HYDRA MIT BECHER UND RABE

Hydra, Becher und Rabe

Phoibos-Apollon wollte einmal dem Göttervater Zeus ein Fest ausrichten. Da rief er den Raben, seinen Boten, und sprach zu ihm: »Fliege,
mein Vogel, zur Erde und hole mir klares Wasser vom lebendigen Quell,
damit die Opferfeiern beginnen können!« Der Rabe nahm sogleich mit
seinen Krallen den goldenen Kelch oder Becher und trug ihn durch die
Lüfte. Bis er zur Erde kam, mußte er weite Räume durcheilen. Das erste,
was er auf der Erde entdeckte, war ein dichtbelaubter Feigenbaum. Weil er
auf seinem langen Fluge nichts zu fressen gefunden hatte, hungerte ihn,
und es verlangte ihn, von den Feigen zu kosten. Er ließ sich auf dem Baum
nieder und hieb auf die Früchte ein, die aber noch hart waren, denn die
Zeit der Ernte sollte erst kommen. Das Verlangen nach den Feigen war so
stark, daß der Rabe seinen Auftrag vergaß, sich unter den Baum setzte und
wartete, bis die Feigen reif waren.

Erst als die Feigen reif waren und der Rabe sich gesättigt hatte, erinnerte
er sich wieder des Auftrages, den ihm sein Herr gegeben hatte. Er bekam
ein schlechtes Gewissen und suchte nach einer Entschuldigung für sein
langes Ausbleiben. Mit seinen schwarzen Krallen ergriff er eine lange
Schlange und kehrte mit ihr zu Phoibos-Apollon zurück. Diesem erzählte
er, was er sich als Ausrede ausgedacht hatte: »O Herr, als ich zur Erde
kam, um dir das Wasser vom lebendigen Quell zu holen, da hat diese
Schlange mich daran gehindert. Sie hat die Quelle belagert und mich nicht
herangelassen. Jetzt bringe ich sie dir, damit du den Grund für mein Versäumnis siehst und die Schlange bestrafst.«

Der allwissende Gott aber wußte, wie alles geschehen war und durchschaute die Lügen des Raben. Er antwortete ihm: »Zu der Schuld, die
du durch dein Versäumnis auf dich geladen hast, fügst du jetzt noch die
der Lüge hinzu. Denn du hast versucht, mich mit Worten zu täuschen.
Ich aber weiß, wie alles in Wahrheit verlaufen ist und wie du unter dem
Feigenbaum gewartet hast, bis die Feigen reif waren. Zur Strafe soll dich
fortan an keiner Quelle ein kühler Trunk laben, solange die Feigen an den
Bäumen hängen!«

Als Phoibos-Apollon diese Worte gesprochen hatte, versetzte er zur
ständigen Ermahnung die Bilder des Raben, der Schlange und des goldenen Bechers an den Himmel, wo wir sie noch heute sehen.

Diese Legende, in welcher alle drei Sternbilder vorkommen, ist ungefähr 2000 Jahre alt. Aus noch früherer Zeit stammt die Legende vom
Kampf des Herakles mit der Hydra von Lerna, die in dem Sternbild *Hydra*
gesehen wurde.

Lerna war zur Zeit der alten Griechen ein geheiligter und fruchtbarer Ort in der Nähe von Argos in Griechenland. Nicht weit davon waren Sümpfe, in denen ein Ungeheuer hauste, das die ganze Gegend unsicher machte. Es war die *Hydra,* eine riesige Wasserschlange, die von Zeit zu Zeit aus ihrem Schlupfwinkel kam, die Felder verwüstete und Tiere und Menschen mit ihrem giftigen Odem tötete. Denn sie hatte neun Köpfe, aus denen sie einen so giftigen Odem spie, daß alle Lebewesen in ihrer Nähe davon sterben mußten. Einige Menschen wußten zu erzählen, daß die Hydra unsterblich sei. Das stimmte nur zum Teil, acht ihrer Köpfe waren sterblich, der neunte in der Mitte jedoch unsterblich.

König Eurystheus hatte noch niemanden gefunden, der den aussichtslosen Kampf mit der Hydra auf sich nehmen wollte. Als der große Held Herakles vom Orakel zu Delphi verpflichtet wurde, ihm zehn Arbeiten auszuführen, übertrug er ihm als zweite Aufgabe, die Hydra von Lerna zu töten. Herakles fürchtete sich davor nicht, hatte er doch zuvor den Löwen von Nemea erlegt (–> Sternbild *Löwe*). Er legte sich das schützende Fell des Löwen um die Schultern, bestieg seinen Kampfwagen und fuhr mit seinem Neffen Iolaos zu den Sümpfen von Lerna. Athene, die dem Helden von seiner Kindheit an wohlgesonnen war, zeigte ihm den Schlupfwinkel der Hydra, die sich in ihre Höhle unter einer Platane bei der Quelle des Flusses Amymone zurückgezogen hatte.

Herakles wußte zunächst nicht, wie er die Hydra aus der Höhle locken sollte. Athene gab ihm ein, es mit brennenden Pfeilen zu versuchen. Er tat es und schon kam das Ungeheuer zischend vor Wut herausgekrochen und spie seinen giftigen Odem auf den Helden, um ihn zu töten. Herakles aber hielt seinen Atem an und ging unerschrocken auf die Hydra zu. Die Schlange umschlang seine Beine, damit er hinfallen sollte, doch der Held blieb standhaft und hieb zuerst mit seiner Keule und dann mit seinem Schwert auf sie ein. Doch sobald er eines ihrer Häupter abgeschlagen hatte, wuchsen statt seiner aus der blutenden Wunde zwei oder mehr neue hervor.

Herakles sah jetzt ein, daß er allein die Hydra nicht bezwingen konnte, und rief seinen Neffen Iolaos zu Hilfe. Bevor Iolaos kam, steckte er einen Teil des Haines in Brand und brachte brennende Äste herbei, mit denen sie die Wunden der Hydra ausbrannten, bevor aus dem Blut neue Köpfe wachsen konnten.

Übrig blieb zuletzt nur das unsterbliche Haupt, das teilweise aus purem Gold war. Da nahm Herakles seinen goldenen Dolch und schlug es ab. Am Boden liegend zischte es weiter, auch dann noch, als Herakles es am Rand der Straße unter einem großen Felsblock begrub.

SO	S	SW

März 1. 24⁰⁰ Uhr   **April** 1. 23⁰⁰ Uhr*   **Mai** 1. 21⁰⁰ Uh
        15. 23⁰⁰ Uhr   15. 22⁰⁰ Uhr*   15. 20⁰⁰ Uh
                                                 * Sommerze

Im März steigen diese drei Sternbilder am Abendhimmel im Südosten auf. Im April finden wir sie im Süden hoc
über dem Horizont (–> Bild), wo sie einen unerwartet breiten Raum einnehmen, und im Mai steigen sie nac
Südwesten zu wieder ab.

Die Namen der Sterne bedeuten:

Alfard (arabisch)   = Der allein, vereinzelt Stehende   Hydra (lateinisch) = Wasserschlange
Algorab (arabisch) = Abgeleitet aus »Flügel des Raben«
Alkes (arabisch)   = Abgeleitet aus »der Krug«

Sterngrößen:

0	1	2	3	4	5
und heller					und schwäch

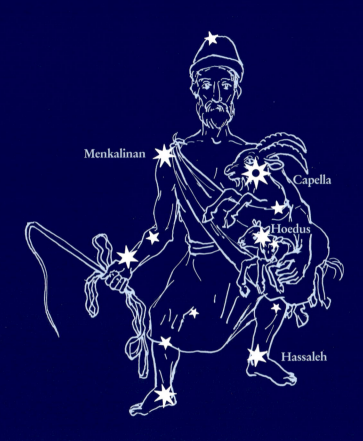

Menkalinan

Capella

Hoedus

Hassaleh

FUHRMANN

Fuhrmann

Dieser Fuhrmann ist eigentlich ein Zügelhalter, was aus seinem zweiten Namen *Heniochus* zu ersehen ist, oder ein Wagenlenker, denn die Griechen haben mehrere ihrer berühmten Wagenlenker in diesem Sternbild gesehen. Nach der Mythologie war wohl Erichthonios der erste.

Erichthonios war ein Sohn der Erde und des Gottes der Schmiede und Künstler, Hephaistos, der in Liebe zu Athene entbrannt war. Athene, die eigentlich seine Mutter hätte werden sollen, nahm sich des Knäbleins an und gab es der ältesten Tochter des Königs Kekrops von Athen in Obhut. Später übernahm Athene selbst seine Erziehung und lehrte ihn, wilde Rosse einzufangen, zu bändigen und an den Wagen zu spannen. Als Erichthonios dann König von Athen wurde, erfand er das Gespann mit vier Pferden, wofür Zeus ihm nach seinem Tod im Sternbild *Fuhrmann* ein ewiges Denkmal gesetzt hat.

Nach einer zweiten Legende hat in diesem Sternbild Hermes einen anderen Wagenlenker, seinen Sohn Myrtilos, verewigt. Dieser war der Wagenlenker des Königs Oinomaos, welcher über Pisa und Elis regierte. Der König hatte eine schöne Tochter mit Namen Hippodameia, um deren Hand sich viele edle Jünglinge bewarben. Ihr Vater, der die Hochzeit solange wie möglich hinausziehen wollte, stellte die Bedingung, daß nur derjenige sie zur Frau haben sollte, der ihn im Wagenrennen besiegen würde. Er hatte von seinem Vater Ares zwei vom Winde gezeugte Stuten geschenkt bekommen, die noch schneller waren als der Nordwind und als die besten Pferde in Griechenland galten. Außerdem ließ er sich für diese Rennen einen besonders schnellen Wagen bauen. So fiel es ihm leicht, den Bewerbern um die Hand seiner Tochter für den langen Weg einen Vorsprung von einer halben Stunde zu geben, während er selbst auf dem Altar des Zeus zu Olympia einen Widder opferte.

Der König bestand darauf, daß Hippodameia stets mit dem Bewerber fahren mußte, um so dessen Aufmerksamkeit vom Gespann abzulenken. Die Abmachung war: sollte der Bewerber vom König überholt werden, so war sein Leben verwirkt. Würde er aber als erster am Ziel ankommen, sollte Hippodameia seine Gemahlin werden.

Bisher war es noch keinem der Bewerber gelungen, den Wettkampf zu gewinnen. Mit seinem schnellen Wagen, den Myrtilos lenkte, konnte der König alle einholen und durchbohrte sie von hinten mit seinem Speer. Zwölf edle Prinzen hatten auf diese Weise ihr Leben gelassen, als ein neuer Bewerber angemeldet wurde. Es war Pelops, ein junger König, der das Reich seines Vaters Tantalos an der Küste des Schwarzen Meeres geerbt hatte. Er hoffte, Hippodameia als seine Gemahlin heimführen zu können, denn der Meeresgott Poseidon hatte ihm einen Wagen mit goldenen Schwingen geschenkt und dazu ein Gespann geflügelter Pferde.

Hippodameia verliebte sich sogleich in den jungen, schönen Pelops, als sie ihn zum ersten Mal sah, und fürchtete, daß er das Schicksal seiner Vorgänger erleiden müsse. Auf irgendeine Weise mußte sie verhindern, daß der Wagen ihres Vaters schneller sei. Dies konnte nur über seinen Wagenlenker Myrtilos geschehen, dem sie versprach, ihn reich zu belohnen, wenn er die Fahrt verzögern könnte. Da entfernte Myrtilos, der die Königstochter insgeheim liebte und ihr gefällig sein wollte, den Achsennagel aus dem Wagenrad seines Herrn und ersetzte ihn durch hartes Wachs, das bei Erwärmung schmelzen würde. So geschah es. Mitten im Rennen, als Oinomaos den Pelops gerade eingeholt hatte und mit seinem Speer durchbohren wollte, flog das Rad weg, der König stürzte, verwickelte sich in den Zügeln und wurde von seinen Pferden zu Tode geschleift. Dies war seine Strafe für den Tod der unschuldigen Jünglinge, wie die Götter es im Olymp beschlossen hatten, um dem Morden ein Ende zu bereiten. Myrtilos wurde von Pelops jedoch schlecht belohnt. Er fürchtete ihn als Nebenbuhler und stürzte ihn von einer hohen Klippe ins Meer. Da versetzte sein Vater Hermes ihn im Bild des Fuhrmanns unter die Sterne.

Ein dritter Wagenlenker, den die Griechen im Sternbild des Fuhrmanns sahen, war Phaethon, der den Sonnenwagen seines Vaters Helios lenkte. Seine Legende steht beim Sternbild *Fluß Eridanus*.

Der Hauptstern des Sternbildes *Fuhrmann* ist die herrliche *Capella*, die »Kleine Ziege«. Es ist die Ziege, die Zeus als Kind auf der Insel Kreta mit ihrer Milch genährt hat ($\rightarrow$ Sternbild *Kleiner Bär*). Sie soll vom Sonnengott Helios selbst erzeugt sein und war keine gewöhnliche Ziege, sondern eine Ziegennymphe. Sie konnte dem kleinen Zeus ihre Milch geben, weil sie gerade Zwillingsböckchen geboren hatte, die schönsten, die es auf Kreta gab, und so zog sie alle drei zusammen auf.

Eines Tages brach sich die Ziege am Baum ein Horn ab. Dies nahm eine Nymphe, füllte es bis zum Rand mit Obst, umkränzte es mit duftenden Kräutern und brachte es dem Zeus. Später pflegte er daraus zu trinken. Es hatte die wunderbare Eigenschaft, jeden, der daraus trank, so zu sättigen, daß er weder Hunger noch Durst spürte. Als Wunderhorn oder als Füllhorn gilt es bis heute als Sinnbild der ewig strömenden Fruchtbarkeit und des Überflusses.

Aus Dankbarkeit für ihre Hilfe versetzte Zeus, sobald er die Macht dazu hatte, die Ziege und ihre zwei Böcklein als Sterne an den Himmel.

Warum der Fuhrmann sie trägt, wie schon Arat von Soloi im 3. Jh. v. Chr. berichtet, hat bisher noch niemand herausgefunden.

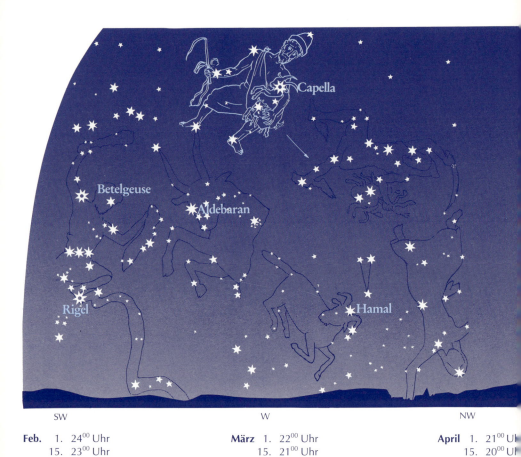

Capella

Betelgeuse

Aldebaran

Rigel

Hamal

SW   W   NW

Feb. 1. 24^{00} Uhr   **März** 1. 22^{00} Uhr   **April** 1. 21^{00} Uh
      15. 23^{00} Uhr   15. 21^{00} Uhr   15. 20^{00} Uh
                                                                         * Sommerze

Im März finden wir am Abendhimmel das Sternbild Fuhrmann hoch im Süden (→ Bild). Im April steigt es nac
Nordwesten zu ab und steht im Mai im Nordwesten nahe über dem Horizont. Die fünf hellen Sterne des Fuhrman
bilden ein auffallendes Fünfeck. Der Stern am rechten Fuß des Fuhrmanns ist zugleich die Spitze eines Hornes d
Sternbildes Stier, das auf diese Weise leicht zu finden ist.

Die Namen der Sterne bedeuten:

Capella (lateinisch)   = Kleine Ziege
Menkalinan (arabisch) = Verstümmelt aus »Schulter des Fuhrmanns«

Sterngrößen:

  ✴   ✴   ✦   ✦   ★   ★

  0   1   2   3   4   5
und heller   und schwäch

Nekkar

Haris

Izar

Mufrid

Arcturus

BOOTES

Bootes

»Bootes« ist kein Eigenname, sondern bedeutet »Ochsentreiber«. In diesem Sternbild sahen die alten Griechen den Weinbauern Ikarios, der vor seinem mit Wein beladenen Wagen geht, die Zügel der Ochsen in der Hand haltend. Seine Legende hat uns Nonnos von Panopolis übermittelt.

Zu der Zeit, als in Griechenland der Wein und sein Anbau noch unbekannt waren, lebte in Athen der Bauer Ikarios. Wie kein anderer verstand er es, Bäume zu ziehen und zu veredeln, so daß sie reiche Früchte trugen. Die Athener feierten gerade ein Fest zu Ehren des pflanzensegnenden Dionysos, und auch Ikarios schwang seine schweren Bauernfüße zum Tanze, als ein Fremdling ihn besuchte. Freundlich nahm ihn der Bauer auf, bewirtete ihn an seiner bescheidenen Tafel und schickte seine Tochter Erigone weg, damit sie für den Gast Ziegenmilch holen sollte.

Doch da hielt der Fremde sie auf. Er hatte ein anderes Getränk mitgebracht, das er jetzt aus einem Schlauch in den Becher goß und dem Ikarios mit den Worten kredenzte: »Guter Mann, ich habe dir ein Geschenk mitgebracht, das die Athener noch nicht kennen. Wenn du es ihnen bringst, werden sie dich besingen und ich werde dich selig preisen. Wisse denn, daß ich Dionysos bin, der euch mehr geben kann als Demeter. Auf sie bin ich eifersüchtig, denn sie hat vor langer Zeit einem anderen Landmann die Ähre geschenkt. Triptolemos bekam die Ähre, du aber sollst von mir die Traube bekommen. Ähren vermögen nicht die zehrenden Sorgen zu lindern, wohl aber Trauben und Wein als Erlöser der qualengepeinigten Menschheit. Wenn du sie ihnen bringst, wirst du, o Greis, seliger als Triptolemos werden.«

So sprach der Gott und reichte dem gastlichen Bauern den Becher mit geisterweckendem Wein. Becher auf Becher trank er und begehrte immer mehr von dem köstlichen Labsal. Statt der gewohnten Milch kredenzte Erigone dem Vater den Wein, bis er trunken war. Mit schwankenden Schritten erhob sich der alte Bauer. Er fühlte sich plötzlich so leicht, der irdischen Schwere enthoben, daß er anfing zu tanzen und dem Gott der Trauben zu Ehren ein Lied zu singen.

Bevor Dionysos den gastlichen Bauern verließ, schenkte er ihm zum Dank für das Mahl Rebenschößlinge und unterwies ihn, wie man sie mit pflegenden Händen in den Boden steckt und zu Weinstöcken zieht.

Dankbar für das Geschenk befolgte Ikarios den Rat des Gottes und kelterte dann auch den Wein. Doch nicht nur für sich tat er das, sondern er brachte die göttlichen Gaben den anderen Bauern und lehrte sie, wie man aus der Pflanze den Wein gewinnt. Er ließ sie kosten von dem köstlichen Naß. Da ging es ihnen wie es ihm einst erging, und er mußte Becher auf

Becher füllen. Nicht genug konnten die Bauern bekommen und wurden immer fröhlicher. Einer stand auf und sprach zu Ikarios:

>Sage uns, o Greis, wie fandest du diesen Nektar des Himmels?
Köstlicher mundet dein Naß als Milch und besser als jener
Mischtrank, den man mengt aus Flüssigkeiten und Honig.
Seltsam ist dein Trank und schmerzenlösend: es flattern
Meine Sorgen zerstreut davon in den luftigen Winden.
Glücklicher bist du als der gastliche Keleos; hast du
Etwa auch zu Haus einen Himmelsbewohner bewirtet?
Ja, ein anderer Gott kam sicher zu dir, so wähn ich,
Und er schenkte dies Naß für deine freundliche Mahlzeit
Unserm attischen Lande, wie Demeter die Ähre bescherte.«

Doch das fröhliche Fest hatte ein böses Ende. Den Bauern stieg der ungewohnte Wein zu Kopfe, ihre Wangen röteten sich, die Augen rollten und ihre Brust wurde heiß. Es schwollen die Adern auf ihren Stirnen, die Köpfe wurden ihnen schwer. Es schien ihnen, daß die Eichen tanzten, die Felsen hüpfend sprangen und die Tiefe der Erde erbebte. Des Weines ungewohnt, sanken die Trunkenen zu Boden und wälzten sich im Staube.

Da durchfuhr sie ein Wahngedanke: sie glaubten, Ikarios habe sie vergiftet. Mit Hacken und Sicheln drangen sie auf ihn ein und im Rausch erschlugen sie ihn, nicht wissend, was sie taten. Nahe dem Tode, lallte er mit Mühe noch die Worte:

>O Wein, du Tröster menschlicher Sorgen,
Süß den andern, bist du zu mir nur unsanft.
Denn Freude brachtest du allen,
Doch mir, dem Ikarios, ein tödliches Ende.«

So starb Ikarios, der erste Weinbauer in Attika. Zeus aber erhob ihn als Sternbild des *Bootes* an den Himmel, wo er noch immer vor seinem mit Wein beladenen Wagen einhergeht, die Zügel in der Hand haltend.

Nicht so verbreitet wie diese Legende war auf Kreta eine andere, die im Sternbild des *Bootes* den Polymelos sah, den Erfinder des Pfluges. Zur Erinnerung der Menschen an seine kulturbringende Tat soll Demeter ihn als *Bootes* an den Himmel versetzt haben.

Der helle *Arcturus* ist wohl der Hauptstern im Sternbild, wurde aber nicht in dieses einbezogen. Dieser Stern, der ohne Zusammenhang mit der Gestalt des *Bootes* zwischen dessen Beinen leuchtet, hat andere Legenden. Sein Name Arcturus = Bärenhüter weist auf das Sternbild *Großer Bär* hin. Die Griechen sahen in Arcturus Arkas, den Sohn der Kallisto, deren tragische Geschichte wir beim Sternbild *Großer Bär* erzählt haben.

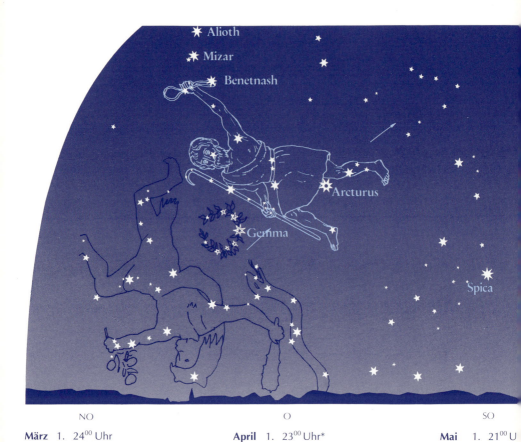

NO	O	SO
März 1. 24^{00} Uhr	**April** 1. 23^{00} Uhr*	**Mai** 1. 21^{00} U
15. 23^{00} Uhr	15. 22^{00} Uhr*	15. 20^{00} U
		* Sommerz

Im März finden wir das Sternbild des Bootes am Abendhimmel tiefer am Horizont und weiter nach Nordosten a auf dem Übersichtsbild. Im April steht es im Osten (—> Bild) und im Mai hoch im Südosten. Wer das Sternbild d Großen Bären am Himmel gefunden hat und die gebogene Linie, die von den Schwanzsternen gebildet wird, g danklich weiterführt, wird auf Arcturus, den Hauptstern im Sternbild Bootes stoßen. Dies ist der sicherste Weg, d Bootes am Himmel zu finden.

Die Namen der Sterne bedeuten:

Arcturus (lateinisch) = Bärenhüter	Izar (arabisch) = Abgeleitet aus »al- mi'zar« = Schurz
Bootes (lateinisch) = Ochsentreiber	Nekkar (arabisch) = Abgeleitet aus »Al Nekkar«
	= der Ochsentreiber

Sterngrößen:

0	1	2	3	4	5
und heller					und schwäch

Gemma

NÖRDLICHE KRONE

Nördliche Krone

In klaren Frühlings- und Sommernächten leuchtet neben dem Sternbild *Bootes* ein Kranz von hellen Sternen am Himmel, die *Nördliche Krone*, die der göttliche Schmied Hephaistos als Krone für die Meeresgöttin Amphitrite geschaffen haben soll. Es war ein Kranz aus goldenen Blättern mit leuchtenden Edelsteinen. Wie dieses Geschmeide an den Himmel kam, erfahren wir aus der Legende von Theseus und Ariadne.

Theseus, ein Sohn des Meeresgottes Poseidon, hatte auch einen leiblichen Vater. Als er zu einem stattlichen Jüngling herangewachsen war, führte ihn die Mutter zu einem Felsblock und erzählte: »Unter diesen Felsen hat dein Vater ein Schwert und seine Sandalen gelegt. Wenn du stark genug dazu bist, sollst du den Stein wegwälzen, das Schwert nehmen und mit den Sandalen zu ihm kommen, denn er ist ein großer König.« Theseus zögerte nicht, wälzte den Felsen weg und fand alles, wie die Mutter es ihm gesagt hatte. Da nahm er das Schwert, gürtete es sich um und zog die Sandalen an, die ihn zum Vater bringen sollten. Von der Mutter ließ er sich den Weg beschreiben, verabschiedete sich und machte sich sogleich auf.

Statt den einfacheren Seeweg zu nehmen, wanderte Theseus durch das Land, wo er mancherlei Gefahren und Prüfungen bestehen mußte. Dabei setzte er sich immer für das Recht und für die Wahrheit ein und bekämpfte das Böse. Nachdem er durch seine Klugheit und mit seinem Schwert alle Feinde besiegt hatte, kam er zum Hofe des Königs, der schon von seinen Heldentaten gehört hatte und ihn zu einem Gastmahl einlud. Dabei geschah es, daß Theseus sein Schwert gebrauchte, um ein großes Stück Fleisch zu zerteilen. Der König sah es und erkannte sein eigenes Schwert, das er vor 20 Jahren unter den Felsblock gelegt hatte. Die Sandalen gaben ihm die Bestätigung und beglückt gab er sich seinem Sohn zu erkennen. Das Volk von Athen feierte den jungen Prinzen als seinen zukünftigen König, denn er war der einzige Erbe.

Die Freude an den Feiern wurde dadurch getrübt, daß die Athener sieben der schönsten Jünglinge und sieben der schönsten Jungfrauen als Tribut und Opfer für den schrecklichen Minotaurus an König Minos von Kreta schicken mußten. Minotaurus war ein Ungeheuer, halb Mensch und halb Stier, das in einem von König Minos erbauten Labyrinth, einem unterirdischen Gewölbe mit unzähligen, irreführenden Gängen lebte und sich von Menschenopfern nährte. Als Theseus diese Geschichte hörte, erbot er sich sofort, mit den Opfern nach Kreta zu fahren, um entweder den Minotaurus zu töten oder selbst auch zu sterben.

König Minos stand am Ufer des Hafens von Kreta, wo das Schiff der Athener anlegte. Sein Blick fiel auf eine der sieben schönen Jungfrauen, zu welcher er in Leidenschaft entbrannte. Als er sich ihr nähern wollte, trat ihm Theseus in den Weg und berief sich als Sohn des Poseidon auf seine Pflicht, die Jungfrauen zu schützen. Minos lachte verächtlich, zog seinen goldenen Ring vom Finger und warf ihn ins Meer. »Wenn Poseidon wirklich dein Vater ist,« sagte er, »so beweise es uns, indem du mir den Ring zurückbringst!«

Theseus sprang ins Meer. Sogleich kam ein Delphin, nahm ihn auf seinen Rücken und brachte ihn zum Palast des Meeresgottes. Dort empfingen ihn Meeresjungfrauen, die Nereiden, und geleiteten ihn zu ihrer Königin Amphitrite, welche die Krone des Hephaistos, die ihr die Göttin der Liebe, Aphrodite, zur Hochzeit geschenkt hatte, auf dem Haupte trug. Die auf Suche ausgeschickten Nereiden brachten bald den Ring des Minos. Amphitrite aber nahm ihre Krone und setzte sie dem Sohn ihres Gatten auf die blonden Locken.

Als Theseus mit Ring und Krone aus dem Meer wieder aufstieg, stand Ariadne, die Tochter des Königs Minos, am Ufer. Ihr Herz entbrannte sogleich in Liebe zu dem schönen Jüngling, den der sichere Tod im Labyrinth, aus dem noch keiner zurückgefunden hatte, erwartete. Da gab sie ihm ein großes Knäuel Garn und führte ihn heimlich zum Labyrinth, wo sie schon ein Schwert für ihn bereitgelegt hatte. Theseus befestigte das Ende des Fadens am Eingang und nahm das Knäuel mit, während er furchtlos in das Dunkel hineinging, denn die Edelsteine seiner Krone leuchteten ihm auf dem Weg, an dessen Ende der Minotaurus auf seine Opfer wartete. Vom Glanz der Krone geblendet schreckte das Untier zurück, und Theseus konnte es überwältigen und töten. Mit Hilfe des Fadens fand er den Weg zurück und floh mit Ariadne und den Athenern, bevor die Kreter etwas merkten. Erst auf der Insel Naxos gingen sie wieder an Land. Theseus vermählte sich mit seiner Retterin, der er zum Dank die Krone aufsetzte. Während er schlief, erschien ihm im Traum die Göttin Athene, die ihm sagte, daß Ariadne seit langem dem Gott des Weines, Dionysos, versprochen war, der sich jetzt sein Recht holen wolle. Theseus müsse die Geliebte verlassen und ohne sie nach Athen zurückkehren.

Schweren Herzens folgte Theseus dem göttlichen Geheiß und segelte ohne Abschied davon. Ariadne erwachte, von allen verlassen, und weinte bitterlich. Doch da nahte schon der Gott Dionysos, um sie zu trösten, gab sich ihr als der rechtmäßige Gemahl zu erkennen und warf zum Zeichen seiner Gottheit ihre Krone an den Himmel. Dort sehen wir sie noch heute so strahlend wie einst.

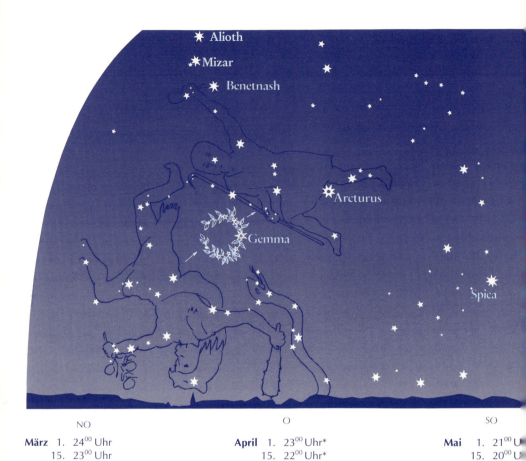

NO	O	SO
März 1. 24⁰⁰ Uhr	**April** 1. 23⁰⁰ Uhr*	**Mai** 1. 21⁰⁰ U
15. 23⁰⁰ Uhr	15. 22⁰⁰ Uhr*	15. 20⁰⁰ U
		* Sommerz

Das Sternbild Nördliche Krone an der rechten Seite des Bootes finden wir am besten, wenn wir zunächst d
Sternbild des Bootes am Himmel suchen (—> Bootes). Im März stehen beide Sternbilder nahe über dem Horizo
im Nordosten, im April höher und fast im Osten (—> Bild), und im Mai hoch im Osten, jeweils am Abendhimm

Die Namen der Sterne bedeuten:

Gemma (lateinisch) = Edelstein

Sterngrößen:

0	1	2	3	4	5
und heller					und schwäc

50

SOMMER-STERNBILDER

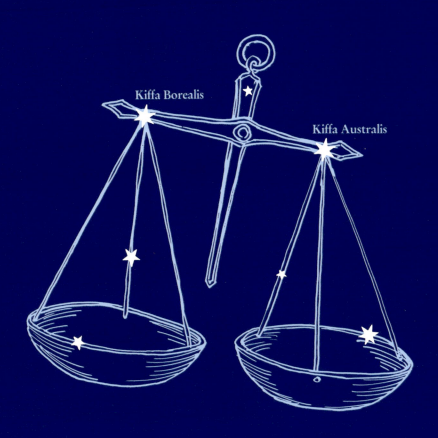

Kiffa Borealis

Kiffa Australis

WAAGE

Waage

Zur Zeit der alten Griechen gehörten die Sterne, die heute zum Sternbild Waage zusammengefaßt sind, noch zum Sternbild Skorpion und bildeten dessen gewaltige Scheren. Es gibt deshalb auch keine griechischen Legenden über diese Himmelswaage.

Dem Geheimnis der Himmelswaage kommen wir nahe, wenn wir auf alten Sternkarten aus den ersten christlichen Jahrhunderten entdecken, daß damals das Sternbild nicht nur eine Waage war, sondern daß diese Waage von einem geflügelten Engelwesen oder von einem Jüngling, dem »Waagemann«, gehalten wurde. Unsere Zeichnung gibt ein solches Bild wieder.

Diese Darstellungen gehen vermutlich auf solche ägyptischen Ursprungs aus noch früherer Zeit zurück, auf denen die Himmelswaage im Zusammenhang mit der Sonne und mit einem Gott gesehen wurde. In den sogenannten »Totenbüchern«, welche die alten Ägypter ihren Verstorbenen mitgaben, ist mit Bildern und Worten erläutert, welche Bedeutung die Waage hatte. Es war die Gerechtigkeitswaage, eine große kosmische Waage, welche das Gleichgewicht zwischen dem Diesseits und dem Jenseits, zwischen der sichtbaren und der unsichtbaren Welt herstellte. Ging ein Verstorbener aus der sichtbaren Welt in die unsichtbare über, dann wurde er von dem Gott Anubis zum himmlischen Gericht geführt. Sein Herz kam – bildlich – auf die linke Schale der unbestechlichen Waage der

Gerechtigkeit, auf deren rechter Schale eine Feder lag, das Zeichen der Wahrheits- und Gerechtigkeitsgöttin Maat. So wog Anubis das Herz des Verstorbenen, wie es unsere zweite Zeichnung nach einem Bild aus der Zeit um 1300 v. Chr. zeigt.

Nur der Verstorbene, dessen Herz die Prüfung bestand, kam in die Wahrheit-Gerechtigkeits-Halle, wo ein höheres Dasein für ihn begann.

Im Mittelalter entstanden Bilder, auf denen der Erzengel Michael die Waage in der Hand hält und die Seelen der Menschen wiegt. Unsere Zeichnung ist eine vereinfachte Darstellung eines Bildes von Rogier van der Weyden (1399 – 1464).

In einer hebräischen Legende mit dem Titel »Die Weltenschale« heißt es: »Und ich sah, wie der Engelfürst Michael eine gewaltig große Schale hielt, deren Tiefe so groß war wie vom Himmel bis zur Erde, und deren Breite so groß war wie vom Norden bis zum Süden. Und ich sprach: »Herr! Was ist das, was der Erzengel Michael hält?« Und er sprach zu mir: »In diese Schale kommen alle die Tugenden der Gerechten und die guten Werke, die sie tun, hinein, welche dann vor den himmlischen Gott hergebracht werden.«

Ob wohl das Engelwesen, das auf den alten Sternkarten die Waage trägt, den Erzengel Michael darstellen sollte? Uns kann dieses Bild dazu helfen, mit dem Sternbild Waage vertraut zu werden.

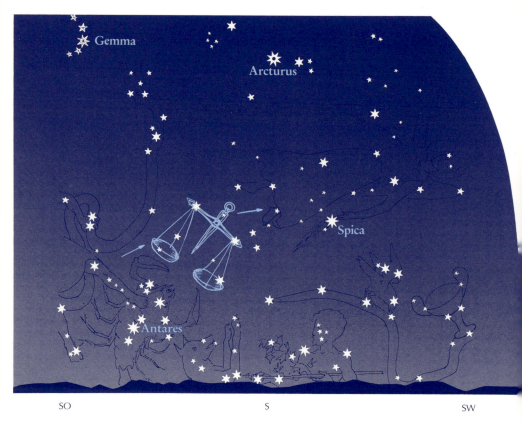

SO	S	SW

Mai 1. 1^{00} Uhr*   **Juni** 1. 23^{00} Uhr*   **Juli** 1. 21^{00} Uh▮
15. 24^{00} Uhr*   15. 22^{00} Uhr*   15. 20^{00} Uh
* Sommerzei▮

Das Sternbild Waage steigt im Mai im Südosten auf, erreicht Ende Juni im Süden seine höchste Position über dem
Horizont und steigt dann im Juli und August nach Südwesten zu ab, jeweils am Abendhimmel um 22^{00} Uh▮
Sommerzeit.

Die Namen der Sterne bedeuten:

Kiffa Australis (arabisch/lateinisch) = Südliche Waagschale
Kiffa Borealis (arabisch/lateinisch) = Nördliche Waagschale

Sterngrößen:

0	1	2	3	4	5
und heller					und schwäche▮

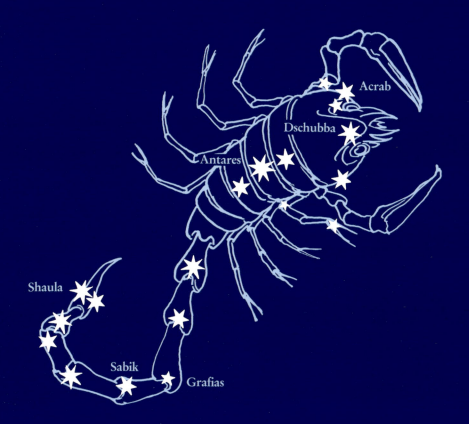

SKORPION

Skorpion

Am Himmel erscheint der Skorpion, der in der Natur nur wenige Zentimeter groß wird, riesengroß. Vor allem in südlichen Ländern, in denen er ganz zu sehen ist, beeindruckt er jeden Betrachter des Sternenhimmels stark. Zur Zeit des Ptolemäus, also vor rund 2000 Jahren, erschien er den Menschen sogar in einer noch größeren Gestalt, weil die Sterne des heutigen Sternbildes Waage als seine Scheren galten, so daß er auch dieses Sternbild umfaßte.

Die alten Griechen brachten den Himmelsskorpion in einen Zusammenhang mit ihrem großen Jäger Orion, der ja auch als Sternbild am Himmel erscheint. Nach einer der Legenden, die wir beim Orion bereits kennengelernt haben, soll dieser Skorpion es gewesen sein, durch den die Jagdgöttin Artemis den Helden zu Fall brachte, als er ihr zu aufdringlich wurde.

In einer zweiten Legende wird das etwas anders dargestellt. Einst jagte Orion zusammen mit Artemis auf der Insel Kreta. Es kann aber auch auf einer anderen Insel gewesen sein, denn in diesem Punkt widersprechen sich die alten Schriften. Bei dieser Jagd hatte Orion viel Glück, wurde dadurch übermütig und prahlte, daß er alles Wild der Erde erlegen könne. Ein solcher Hochmut mußte bestraft werden und darum ließ Gäa, die Göttin der Erde, aus ihren Tiefen einen Skorpion aufsteigen, der Orion in die Ferse stach. An diesem Stich starb er und die Tiere konnten sich weiter ihres Lebens erfreuen.

Wer aufmerksam den Sternenhimmel beobachtet, wird etwas sehr Interessantes herausfinden: der Orion ist nämlich immer nur so lange am Himmel zu sehen, wie der Skorpion noch unter dem Horizont ist. Beginnt der Skorpion im Südosten aufzugehen, dann geht zur gleichen Zeit der Orion im Westen unter und verschwindet sozusagen. Das sieht so aus, als ob Orion den Skorpion fürchten und vor ihm fliehen würde. Vielleicht war diese Beobachtung der Ausgangspunkt für das Entstehen der Legende.

In einer anderen Legende ist es der Sonnensohn Phaethon, der von dem Himmelsskorpion bedroht wird. Von seinem Vater, dem Sonnengott Helios, hatte er sich ausgebeten, einen Tag lang den Sonnenwagen lenken zu dürfen. Als er dann aber die unermeßlichen Weiten des Himmels vor sich sah, verließ ihn sein Mut. Denn er sah jetzt all die gewaltigen Gestalten und Tiere, die wir als Sternbilder kennen, aus unmittelbarer Nähe vor sich und erschrak. Vor allem war es der riesige Skorpion mit den zwei großen Scheren, der vor ihm aus der Tiefe auftauchte und ihm Angst machte. Als der Skorpion jetzt sogar seinen gewaltigen Schwanz gegen ihn richtete und ihn mit seinem von schwärzlichem Giftschweiß triefendem Stachel bedrohte, faßte ihn das Entsetzen. Phaethon ließ in seinem Erschrecken die Zügel fallen, was die Rosse spürten, und sie gingen mit dem Sonnenwagen durch. Welch ein trauriges Ende diese Geschichte hat, steht beim Sternbild *Fluß Eridanus.*

Wer das Sternbild des Skorpions nicht für sich allein sieht, sondern zusammen mit dem des Schlangenträgers, wird herausfinden, daß dieser mit seinem linken Fuß auf dem Kopfpanzer des Skorpions steht. Er tritt diesen sozusagen unter seine Füße. Das ist bestimmt kein Zufall, sondern von den alten Griechen bewußt so dargestellt. Vielleicht wollten sie damit zum Ausdruck bringen, daß der Träger der Schlange, der Gott des Heilens (—> Sternbild *Schlangenträger*) die Kräfte des Todes beherrschen muß.

Im Sternbild *Skorpion* liegt aber nicht nur der Aspekt des Todes, sondern auch der Auferstehung. Denn der *Skorpion* gehört zu den vier Exponenten des Tierkreises, die auch wir für unser Titelbild gewählt haben:

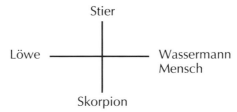

Eine alte Weisheit sah an der Stelle des Skorpions übersinnlich einen fliegenden Adler, wie wir aus der Vision des Hesekiel (Altes Testament) und aus der Offenbarung des Johannes (Neues Testament) wissen. Nach diesen Überlieferungen wurden auch den vier Evangelisten ihre Symbole, die wir auf vielen alten Bildern und in alten Kirchen finden, gegeben:

Matthäus — Mensch
Markus — Löwe
Lukas — Stier
Johannes — Adler

Die Verwandlung des Skorpions in den Adler kann uns ein Bild dafür sein, daß wir die auf der Erde wirkenden Todeskräfte in Bewußtseinskräfte verwandeln müssen, um — wie Johannes — zum Adlerflug des Geistes aufsteigen zu können. Eine Hilfe dazu ist es, beim Anblick des *Skorpions* am Himmel das Bild eines fliegenden Adlers hinzuzudenken.

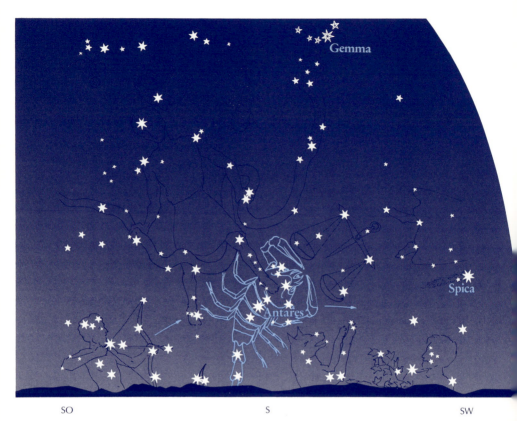

SO	S	SW

Juni 1. 1^{00} Uhr*	**Juli** 1. 23^{00} Uhr*	**Aug.** 1. 21^{00} Uh
15. 24^{00} Uhr*	15. 22^{00} Uhr*	15. 20^{00} Uh
		* Sommerze

Das Sternbild Skorpion gehört zu den Tierkreisbildern, die bei uns und weiter im Norden nur teilweise sichtba werden. Im Juni geht es im Südosten auf, erreicht im Juli am Südhimmel seine höchste Stellung (→ Bild) und sin im August nach Südwesten zu allmählich wieder unter den Horizont, jeweils am Abendhimmel um 22^{00} Uh Sommerzeit, beobachtet.

Die Namen der Sterne bedeuten:

Acrab (arabisch)	= Skorpion (entlehnt von aqrab)	Sabik (arabisch)	= vorangehend (von sabiq)
Antares (griechisch)	= Gegenspieler des Ares (Mars)	Shaula (arabisch)	= Der Stachel am Schwanzende de Skorpions (abgewandelt von aš – šawla)

Sterngrößen:

0	1	2	3	4	5
und heller					und schwäch

Nunki

Nash

SCHÜTZE

Schütze

Der Schütze am Himmel ist ein rätselvolles Sternbild, das aus frühester Zeit stammt. Bei den Ausgrabungen im Zweistromland von Euphrat und Tigris, wo vor Jahrtausenden die Sumerer und nach ihnen die Babylonier wohnten, wurde unter vielen anderen Stücken ein Grenzstein aus dem 2. Jahrtausend v. Chr. gefunden, auf dem ein merkwürdiges Doppelwesen plastisch aus dem Stein herausgearbeitet ist. Es ist ein geflügeltes Wesen, halb Tier und halb Mensch, das unsere Zeichnung zeigt.

Aus einem pferdeähnlichen Unterleib erhebt sich ein menschenähnlich gestaltetes Wesen mit zwei Köpfen, das einen gespannten Bogen in seinen Händen hält. Dieses Wesen hat aber nicht nur zwei Köpfe, sondern auch zwei Schwänze. Der nach unten hängende sieht wie ein Pferdeschwanz aus, während der nach oben stehende dem Schwanz eines Skorpions ähnlich ist. Das Merkwürdigste an diesem Wesen sind aber wohl seine großen Flügel. Es kann demnach nicht nur springen, wie auf der Darstellung, sondern auch fliegen. Diese Fähigkeit hatten nach dem Glauben der Babylonier außer Vögeln nur die göttlichen Wesen, die sich nach Belieben aus der irdischen Welt in die geistige erheben konnten.

Der himmlische Schütze mit Pfeil und Bogen war demnach ein Götterwesen, von denen es bei den Babyloniern viele gab. Vielleicht war es auch eine besondere Erscheinungsform von Marduk, dem Stadtgott von Babylon, der manchmal bewaffnet mit Pfeil und Bogen dargestellt wurde. Von ihm wird in einem babylonischen Schöpfungsmythos erzählt, wie er mit seinem Pfeil die Mutter des Chaos, die entsetzliche Urdunkelheit Tiamat getötet hat, damit die Schöpfung der Erde und der Gestirne beginnen konnte. In diesem Mythos heißt es:

>»Und Marduk, der Herr, erschuf sich den Bogen,
>Die Waffe zum Kampf als Tiamats Feind.
>Ein Netz er auch schuf sich, darin sie zu fangen.
>Dann schuf er die Winde:
>Den Böswind, den Sturmwind,
>Den Orkan, den Vierwind,

Wirbelwind und Unheilswind,
Der Siebente hieß Siebenwind.
Sie nahm er jetzt mit zu Tiamats Reich.
Er selbst nahm den Zyklon als Waffe zur Hand.
Dann bestieg er den Sturmwind, den grausen Verderber,
Und band an den Wagen das Viergespann an.
Verderber und Schonungslos hießen die Rosse,
Verheerer und Flügelflink waren dabei.
Sie bahnten den Weg sich zu Tiamat hin.«

Im weiteren Verlauf wird geschildert, wie Marduk Tiamat findet und wie sie miteinander kämpfen, bis er Tiamat in seinem Netz fangen kann. Dann heißt es weiter:

»Den Bogen jetzt nehmend, legt Marduk den Pfeil auf.
Er schießt ihn ins Herz ihr, den Leib ihr zerfetzend.
So endet ihr Leben und Tiamat starb.«

Ob diese Tat Marduks, mit der die Schöpfung nach babylonischem Glauben begann, im Sternbild des Schützen zum Ausdruck gebracht werden sollte, wissen wir nicht.

Die alten Griechen übernahmen das Sternbild von den Babyloniern oder von den Ägyptern, die es ganz ähnlich darstellten, konnten sich aber nicht recht damit verbinden. Es gibt von ihnen keine echte Legende über den Schützen. Eine nachträglich dazu erfundene Legende bringt das Sternbild in Zusammenhang mit Krotos, der den Bogen erfunden haben soll und deshalb von Zeus als Schütze an den Himmel versetzt wurde. Warum er einen Pferdeleib hat, geht aus der Legende nicht hervor.

Auch für die Griechen hatte der Schütze einen Pferdeleib, wie wir aus der Beschreibung von Ptolemäus wissen, aber mit nur einem Schwanz. Sie ließen auch die Flügel und den zweiten Kopf weg und sahen im Schützen einen Kentauren, ein mythologisches Mischwesen aus Pferd und Mensch.

Die Kentauren stammen nach der griechischen Mythologie von einem Heros mit Namen Ixion ab, der in ungezügelter Begierde mit einem Wolken-Truggebilde ein Wesen gezeugt hatte, das nur zur Hälfte Mensch, zur Hälfte aber Tier war. Dieser Urkentaur zeugte mit den wilden Stuten des Pelikongebirges das ganze Kentaurengeschlecht. Von den alten Schriftstellern wie Homer und Hesiod wurden sie als struppige Bergungeheuer beschrieben, die ihre wilde Sinnlichkeit zügellos auslebten. Nur einer machte eine Ausnahme, und das war der weise Chiron (→ Sternbild *Zentaur*).

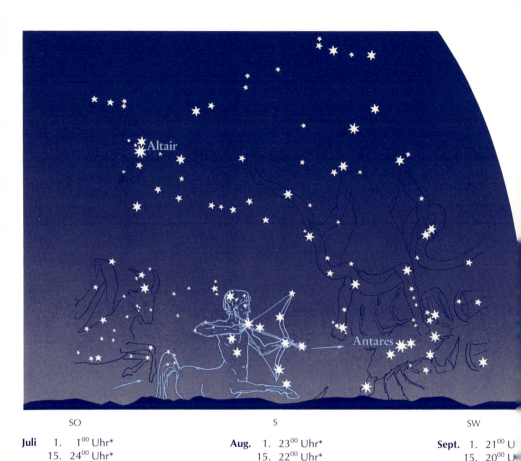

Altair

Antares

	SO		S			SW
Juli	1.	1^{00} Uhr*	**Aug.**	1.	23^{00} Uhr*	**Sept.** 1. 21^{00} U
	15.	24^{00} Uhr*		15.	22^{00} Uhr*	15. 20^{00} U
						* Sommerze

Das Sternbild Schütze ist dasjenige Tierkreis-Sternbild, das am weitesten südlich steht und bei uns nie ganz z sehen ist. Am Abendhimmel kann man den Schützen nur in den Monaten Juli bis September sehen. Im Juli geht im Südosten auf, erreicht dann im August im Süden seine höchste Stellung über dem Horizont (→ Bild), und ge im September im Südwesten wieder unter den Horizont, jeweils um 22^{00} Sommerzeit.

Sterngrößen:

0	1	2	3	4	5
und heller					und schwäch

64

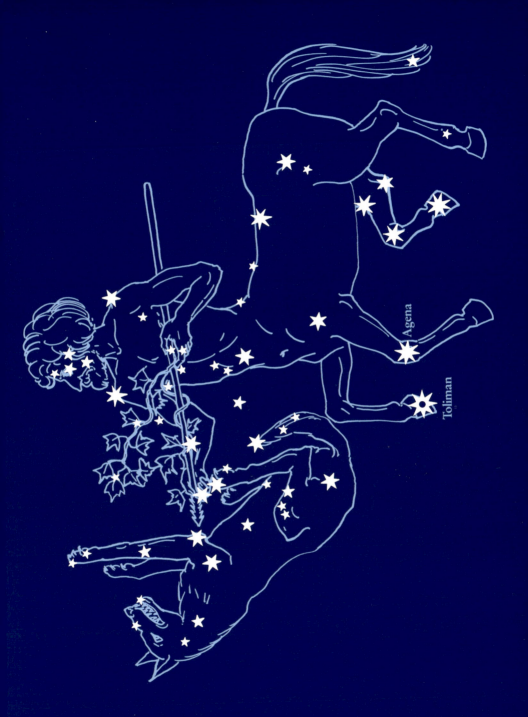

ZENTAUR MIT WOLF

Zentaur mit Wolf

Der Name Zentaur ist sprachlich zwar richtig, aber weniger bekannt als der vom griechischen *Kentaurus* abgeleitete Name Kentaur, mit dem diese mythologischen Doppelwesen bezeichnet werden (→ Sternbild *Schütze*). Im Sternbild Zentaur sahen die alten Griechen einen Kentauren göttlicher Abstammung, den weisen Chiron, der auch als König der Kentauren galt.

Aus der griechischen Mythologie erfahren wir, wie es zu der Geburt des Chiron kam. Als der seine Kinder verschlingende Kronos den Zeus suchte, der von seiner Mutter heimlich auf der Insel Kreta geboren und dort versteckt gehalten war (→ Sternbild *Kleiner Bär*), durcheilte er in der Gestalt eines Rosses die Erde. In einem Walde fand er die Okeanide Philyra und gesellte sich ihr in Liebe. Als die Frucht dieser Verbindung zur Welt kam, war es ein Wesen, halb noch Tier und halb schon Mensch, ein Kentaur. Nur war dieser, im Gegensatz zu allen anderen, göttlicher Natur, denn er trug die Urweisheit der Titanen in sich. Er wurde von den Griechen Cheiron genannt (von Cheir = die Hand), womit auf seine Geschicklichkeit, die ihn zu einem gesuchten Lehrmeister machte, hingewiesen wurde. Später hieß er Chiron.

Chiron wuchs in den undurchdringlichen Wäldern des Pelikongebirges heran. Er hauste in einer geräumigen Höhle, kannte alle Geheimnisse der Erde und des Himmels, alle heilenden Kräuter und tödlichen Gifte, aber auch den Gesang und die Künste und die Gestirne des Himmels. Die Menschen kamen zu ihm, um sich Rat zu holen oder sich unterweisen zu lassen, und so wurde Chiron der Erzieher der meisten großen Helden. Iason, der Führer des Argonautenzuges, Peleus und Achilleus waren seine Schüler. Chiron erzog sie zur Tapferkeit, Waffenkunde und Jagd, aber auch zu sittlicher Würde und ritterlichem Anstand. Aber seine Schüler wurden auch im Leierspiel und Gesang und in der Heilkunde ausgebildet, denn Chiron kannte alle Kräuter des für seinen Reichtum an Heilkräutern bekannten Pelikongebirges. Achilleus erlernte die Heilkunst bei ihm so gut, daß er im Trojanischen Krieg viele Wunden heilen und verbinden konnte. Chirons später berühmtester Schüler war Asklepios, der Gott der Heilkunst (→ Sternbild *Schlangenträger*).

Auch Herakles, der große Heros der Griechen, wurde schon ganz jung dem Chiron zur Erziehung übergeben. Dieser Schüler war vom Schicksal dazu ausersehen, seinem Lehrmeister große Leiden und dann auch den Tod zu bereiten. Als Herakles die Lernäische Schlange getötet hatte (→ Sternbild *Hydra*), besuchte er seinen alten Lehrer Chiron im Waldgebirge des Helikon. Bewundernd hörte dieser von den großen Taten seines Schülers, von der Erlegung des Löwen von Nemea (–> Sternbild *Löwe*) und von dem letzten Abenteuer mit der Lernäischen Schlange.

Herakles zeigte ihm auch die Pfeile, die er in das Blut der Hydra getaucht hatte. dabei entglitt ihm unglücklicherweise einer der Pfeile, fiel auf Chirons Fuß und durchbohrte ihn.

Chiron, der wohl wußte, daß das Blut der Hydra eine Wunde unheilbar machte, versuchte dennoch alle Heilkünste an sich selbst, aber vergeblich. Wie eine Pest fraß sich das Gift in seinen Körper und bereitete ihm unendliche Qualen. So siechte er dahin ohne sterben zu können, denn seine göttliche Abstammung von Kronos hatte ihm die Unsterblichkeit gegeben.

Herakles war darüber sehr betrübt. Als er einige Tage später den Prometheus von seinen Ketten befreit hatte (–> Sternbild *Adler*) und hörte, daß dieser nur dann von seiner Strafe befreit würde, wenn ein Unsterblicher bereit sei, für ihn zu sterben, da gedachte er des leidenden Chiron. Und Chiron war bereit, seine Unsterblichkeit für Prometheus zu opfern. Zeus nahm das Opfer an und versetzte den weisen Kentauren als ewiges Sternbild an den Himmel.

In dieser Legende wird nichts über den Wolf und über den Stab gesagt, mit dem Chiron den Wolf in Schach hält. Dem Verfasser ist auch keine Legende über diesen Wolf bekannt. Wir wissen aber, daß schon die Babylonier an dieser Stelle des Himmels einen Wolf oder einen wilden Hund sahen. Später wurde er einfach »das Tier« genannt.

Einen Schlüssel dafür, was die Griechen damit zum Ausdruck bringen wollten, wenn sie den weisen Chiron und einen Wolf zusammenbrachten, gibt vielleicht der Stab, den Ptolemäus ausdrücklich als »Thyrsosstab« bezeichnete. Der Thyrsosstab, ein mit Efeu umwundener Stab, war das Zeichen der Eingeweihten. So will uns das Bild des Chiron mit dem Thyrsosstab vielleicht sagen: Wer die tierischen Kräfte in sich durch Weisheit zu beherrschen gelernt hat, der bekommt auch die Waffe, um den von außen kommenden Wolf in Schach zu halten und, wenn nötig, zu töten.

Daran können wir denken, wenn wir die Sternbilder Zentaur und Wolf sehen.

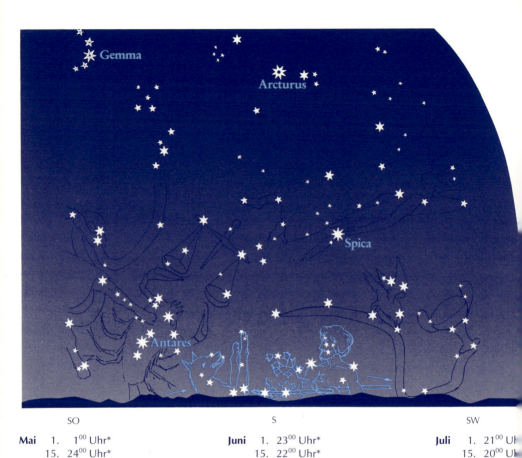

	SO		S		SW	
Mai	1.	1^{00} Uhr*	**Juni** 1.	23^{00} Uhr*	**Juli** 1.	21^{00} Uh
	15.	24^{00} Uhr*	15.	22^{00} Uhr*	15.	20^{00} Uh
						* Sommerze

Zentaur und Wolf sind bei uns und weiter im Norden nur bei günstigen Bedingungen und nur teilweise am Sü
horizont zu sehen, wo sie ihre höchste Stellung erreichen (→ Übersichtsbild). In südlichen Ländern, zum Beispi
in Griechenland, sieht man schon mehr von ihnen. Wer sie ganz sehen will, wie unser Bild sie zeigt, muß noc
weiter nach Süden fahren, zum Beispiel nach Afrika. Die vier Sterne am rechten Hinterbein des Zentauren bilde
das »Kreuz des Südens«, zu dem vor allem die Seefahrer südlicher Länder erfreut aufschauen, weil seine Sterr
so hell leuchten.

Sterngrößen:

0	1	2	3	4	5
und heller					und schwäch

Ras Alhague

Kelb Alrai

Sabik

SCHLANGENTRÄGER
MIT
SCHLANGE

Schlangenträger mit Schlange

Im Schlangenträger sahen die alten Griechen vor allem den Gott der Heilkunst, Asklepios, den sie in Tempeln und anderen Heiligtümern verehrten.

Asklepios war ein Sohn des Lichtgottes Apollon. Als dieser einmal die schöne Prinzessin Koronis, die Tochter des tessalischen Königs Phlegyas, am Seeufer baden sah, verliebte er sich in sie. Koronis erwiderte die Liebe des Gottes und gab sich ihm ganz hin.

Bald darauf mußte Apollon die Geliebte verlassen, um nach Delphi zurückzukehren. Er ließ der Prinzessin aber seinen Boten, einen weißen Raben, zurück, der auf sie aufpassen sollte. Koronis hatte nicht die Kraft, dem in der Ferne weilenden Gott treu zu bleiben. Sie verliebte sich in einen Sterblichen, in Ischys, einen Fremdling. Das blieb dem Raben nicht verborgen. In der Hoffnung auf eine gute Belohnung flog er nach Delphi zu seinem Herrn und meldete ihm die Untreue der Geliebten.

Apollon zürnte zunächst dem Raben als dem Überbringer der schlechten Nachricht, weil er dem Fremdling nicht die Augen ausgehackt hatte. Und statt der Belohnung, die sich der Rabe erhofft hatte, verwandelte Apollon sein weißes Gefieder in ein schwarzes. Seit dieser Zeit haben alle Raben schwarze Federn und sind als Unglücksraben bekannt.

Danach richtete sich der Zorn des Gottes gegen die untreue Koronis. Er überließ sie der Strafe seiner Schwester Artemis, die eifersüchtig über die Ehre ihres Bruders wachte und die jetzt Koronis wegen ihrer Verfehlung mit einem Pfeil tötete.

Der Körper der toten Prinzessin lag auf dem Scheiterhaufen und schon loderten die Flammen knisternd um ihn empor, als Apollon des Kindes gedachte, das Koronis von ihm empfangen hatte und in ihrem Schoß trug. Er eilte herbei und entriß es den Flammen, aus denen heraus es geboren wurde. Dies soll in Epidauros geschehen sein, wo später das berühmte Heiligtum des Asklepios gebaut wurde.

Apollon brachte das Kind, das er Asklepios nannte, zu Chiron, dem weisen Kentauren, der im Waldgebirge des Pelikon hauste (–> Sternbild *Zentaur*), damit er ihn erzöge. Chiron erzog den Gottessohn wie seinen eigenen. Er fand in ihm einen gelehrigen Schüler, dem er alle Kenntnisse, die er sich in seinem langen Leben errungen hatte, beibringen konnte. Vor allem war es die Kenntnis der verschiedenen Heilkräuter und das Wissen um ihre Wirkung bei Krankheiten, was den jungen Asklepios interessierte. Die Begabung dafür hatte er von seinem Vater Apollon mitbekommen, und bald war er soweit, daß er von seinem Lehrmeister nichts mehr lernen konnte und ihn in der Kunst des Heilens sogar überflügelte.

Durch seine Heilungen wurde Asklepios in Griechenland bald so bekannt und berühmt, daß man ihn als Vater der Medizin verehrte. Aber er konnte nicht nur Kranke heilen, sondern sogar Verstorbene wieder ins Leben zurückholen. Von der Göttin Athene hatte er zwei Gläser mit dem Blut der Gorgone Medusa bekommen. Mit dem Blut von ihrer linken Seite, das in dem einen Glas war, wurden Tote wieder zum Leben erweckt, und mit dem Blut von ihrer rechten Seite, das in dem anderen Glas war, konnte ein Leben sofort ausgelöscht werden. Asklepios gebrauchte nur das Fläschchen, mit dem er Tote erwecken konnte. Unter anderen soll er den König Tyndareus, den Glaukos und den Hippolytos, einen Sohn des Theseus, wieder ins Leben zurückgeholt haben.

Diese Gewalt über Leben und Tod wurde Asklepios zum Verhängnis, denn die Götter konnten nicht tatenlos zusehen, wie jemand in ihren ureigenen Bereich eingriff. Hades, der Herrscher im Totenreich, verklagte Asklepios beim allgewaltigen Göttervater Zeus, daß er ihm die Seelen aus seinem Reich entführen würde. Als Verwalter der kosmischen Harmonie mußte Zeus eingreifen. Mit einem tödlichen Blitz erschlug er Asklepios zur Strafe für seine Vermessenheit. Gleichzeitig versetzte er ihn als Schlangenträger unter die Sterne, um Apollon zu versöhnen.

Die Griechen erbauten Asklepios an seinen wichtigsten Wirkensstätten Heiligtümer, von denen die bedeutendsten Epidauros, Kos, Knidos und Pergamon wurden. Jedes dieser Heiligtümer war zugleich ein Therapeutikum, in dem Kranke geheilt wurden. Jeder Kranke mußte sich zunächst Reinigungen, Bädern und Salbungen unterziehen, durfte drei Tage lang keinen Wein trinken und mußte fasten. Dann versetzten ihn die Priester in einem dafür bestimmten Raum des Tempels in den Tempelschlaf, einen Heilschlaf. Plutarch hat uns übermittelt, daß der Gottgewordene Asklepios sich in diesem Heilschlaf den Kranken offenbarte. Dies geschah oft im Bild einer Schlange, die sich dann in einen Jüngling verwandelte, wie es in Bildwerken aus späterer Zeit dargestellt ist. Oft erfuhr der Kranke im Schlaf auch den Namen seiner Krankheit, die er den Priestern zur Festlegung einer Therapie mitteilte oder er erlebte in Bildern gleich das Heilmittel, das ihn gesund machen konnte.

In den Heiligtümern des Asklepios, vor allem in Epidauros, wurden Schlangen gehalten, die als heilig galten. Auf antiken Bildwerken trägt Asklepios manchmal einen Stab, der von einer Schlange umwunden ist. Dieser Stab wurde als »Äskulapstab« zum Sinnbild für den Arztberuf. Aesculapius ist der Name, den die Römer dem Asklepios gaben, der auch von ihnen als Gott der Heilkunst verehrt wurde.

	SO		S		SW

Juni 1. 1^{00} Uhr*   **Juli** 1. 23^{00} Uhr*   **Aug.** 1. 21^{00} Uh
15. 24^{00} Uhr*   15. 22^{00} Uhr*   15. 20^{00} Uh
* Sommerzei

Das Sternbild Schlangenträger mit Schlange steigt im Juni zwischen Osten und Südosten auf, erreicht im Juli in
Süden seine höchste Stellung über dem Horizont ($\rightarrow$ Bild) und steigt im August nach Südwesten zu ab, jeweils an
Abendhimmel um 22^{00} Uhr Sommerzeit.

Die Namen der Sterne bedeuten:

Ras Alhague (arabisch) = Abgeleitet von »Kopf des Schlangenträgers«

Sterngrößen:

0   1   2   3   4   5
und heller   und schwäche

72

Albireo

Sadir

Deneb

Gienah

SCHWAN

Schwan

Mit diesem Himmelsschwan, der in klaren Sommernächten eines der prächtigsten Sternbilder ist, haben die alten Griechen mehrere Legenden verbunden. In einer ist es der Göttervater Zeus selbst, der die Gestalt des Schwanes annahm und bis zu den Enden der Erde flog, um sich dort mit Nemesis, der Tochter der Göttin der Nacht, zu verbinden.

Denn Zeus war über die hochmütig gewordenen Heroengeschlechter der Griechen erzürnt und hatte beschlossen, sie durch einen großen Krieg zu vernichten. Den Anlaß zu diesem Krieg sollte eine wunderschöne Frau geben und diese wollte Zeus jetzt erschaffen. Dazu konnte ihm nur Nemesis helfen, die Göttin der Vergeltung, die in den dunklen Tiefen des Okeanos bei ihrer Mutter, der Göttin der Nacht, wohnte.

Dorthin begab sich jetzt der allgewaltige Zeus, dem Meer und Erde und Himmel gehorchen. Nur er allein durfte die Bezirke der Nacht und ihrer Töchter betreten. So kam er zur Nyx, der Göttin der Nacht, und forderte Nemesis, ihre Tochter für sich. Sie aber schlug es ihm ab. Zornig antwortete Zeus: »Hüte dich vor mir, Nacht, und denke daran, wie ich deine Brüder, die Brut der Titanen, mit meinen Blitzen gezüchtigt und in den Tartaros geworfen habe. Dort siehst du die Heulenden angekettet auf ewig. Auch du entstammst dem mir verhaßten Chaos. Wenn mein brennender Strahl in deine Finsternis führe, wäre es um dich geschehen. Ich würde dich an den Himmel ketten, wo er am hellsten strahlt, damit du am Licht verdürbest. Gib mir deine Tochter, gib mir Nemesis heraus aus deinen dunklen Verließen! Sonst muß ich deinen Palast in Stücke brechen. Fügt sich aber deine Tochter meinem Willen, dann verspreche ich ihr einen goldenen Thronsitz im Kreise der Götter. Denn wer auch nur einmal an meiner Seite geruht hat, der sei der höchsten Ehren teilhaftig.«

Bebend schwieg die Nacht, obwohl sie zürnte und haßte. Ein schauderndes Grauen erfaßte sie, als sie an das Schicksal ihrer Brüder dachte. Die jungfräuliche Nemesis hatte den Streit um sie vernommen, sprang entrüstet von ihrem Thron auf und jagte im Schutze des Mantels der Nacht fliehend davon. Damit niemand sie erkenne, hatte sie durch einen dunklen Zauber ihre Gestalt in eine wilde Gans mit grauem Gefieder verwandelt. So flog sie eilend durch die Lüfte bis an das Ende der Erde, wo die Ströme des Hades eisig ins Totenreich stürzten. Niemand erkannte sie, nur Zeus erblickte mit seinem alldurchdringenden Auge den flüchtigen Vogel. Er ahnte die listige Täuschung, verwandelte seine glänzenden Glieder schnell in einen Schwan und breitete die Schwingen weit aus. Mit mächtigen Schlägen flog er hinter der fliehenden Nemesis her und durchfurchte in brausendem Fluge die Lüfte, bis sie ihm am Ende der Erde nicht mehr ausweichen konnte. Da senkte Zeus sich zu der Geängstigten nieder, und die begattete Wildgans erlag dem blendenden Schwan.

Hoch in die Lüfte erhob sich der Schwan dann und rief hernieder: »Dein Gemahl, o Nemesis,war Zeus, der Herrscher des Himmels. Das Ei, das du aus deinem Schoß entbinden wirst, sollst du zu Leda bringen, der Gemahlin des Königs Tyndareus. Dort werden Helena und Polydeukes als deine Kinder dem Ei entspringen und Leda wird sie mit Castor und Klytämnestra, ihren zur gleichen Stunde geborenen eigenen Kindern, zusammen aufziehen.«

Als er dies gesprochen hatte, erhob sich der Schwan hoch in den Schatten der Nacht und verschwand.

Alles geschah so, wie Zeus es vorhergesagt hatte. Nemesis brachte das Ei zu Leda, während diese schlief. Dann erschien sie der Königin in der Gestalt ihrer alten Amme und erinnerte sie an einen Schwan, der sich vor Monaten kosend an sie geschmiegt hatte. Als Leda erwachte, fand sie staunend das große Ei neben sich. Es war gerade die Zeit, daß sie gebären sollte. Während sie einen Sohn und eine Tochter, Castor und Klytämnestra, zur Welt brachte, zersprang die Schale des Schwaneneies. Darin lagen die göttlichen Kinder, Polydeukes und Helena. Leda zog alle vier Kinder als ihre eigenen auf. Castor und Polydeukes wurden große Freunde (—> Sternbild *Zwillinge*), und um die schöne Helena entbrannte der Trojanische Krieg, wie Zeus es gewollt hatte.

Der herrliche Himmelsschwan erinnert uns bis heute an diese Legende von Zeus.

NO   O   SO

Juni   1. 1^{00} Uhr*   **Juli**   1. 23^{00} Uhr*   **Aug.**   1. 21^{00} U
      15. 24^{00} Uhr*   15. 22^{00} Uhr*   15. 20^{00} U
                                                                    * Sommerze

Das Sternbild Schwan finden wir leicht, wenn wir das sogenannte »Sommer-Dreieck« suchen, das in den Somme
monaten von den Sternen Vega (in der Leier), Altair (im Adler) und Deneb (im Schwan) gebildet wird. Im Juni finde
wir den Schwan mehr im Nordosten, im Juli wie auf dem Übersichtsbild und im August hoch im Osten, fast i
Zenit, jeweils am Abendhimmel um 22^{00} Uhr Sommerzeit.

Die Namen der Sterne bedeuten:

Deneb (arabisch)   = Schwanz (abgeleitet von danab)
Gienah (arabisch)   = Flügel (abgeleitet von ganah)
Sadir (arabisch)   = Brust (abgeleitet von sadr)

Sterngrößen:

0   1   2   3   4   5
und heller   und schwäch

Vega

LEIER

Leier

Die Leier soll der Götterbote Hermes erfunden haben, ein Sohn des Zeus und der holden Maja, einer der Plejaden (—> Sternbild *Stier*).

Nach einer alten Legende wurde der Götterknabe an einem Morgen geboren. Gegen Mittag schon stahl er sich aus seiner Wiege und wollte gerade die Höhle verlassen, in der er geboren war, als er im Gras eine Schildkröte entdeckte. »Ich grüße dich, du glückliches Zeichen,« sprach er zu ihr, »du bist mir ein liebliches Spielzeug. Ich will dich mit mir nehmen, denn in der Welt gingest du nur zugrunde. Du aber sollst, wenn du gestorben bist, durch mich zum Singen gebracht werden.«

Er nahm ihr das Leben, löste die Schale, spannte sieben aus Sehnen geflochtene, miteinander tönende Saiten darüber und schlug mit einem Stäbchen daran. Mächtig, im Bauch der Wölbung widerhallend, tönte unter der Hand des Gottes das neu geschaffene Instrument, die Leier. Wunderbare Lieder erfand er dazu und besang, was sein Auge erblickte, und auch das Liebesbündnis von Zeus und Maja, dem er seine Geburt verdankte.

Am Abend des gleichen Tages versteckte er die Leier in seiner Wiege und wandte sich zum Pierischen Gebirge, wo die Herden der unsterblichen Götter weiden. Dort entwendete er 50 Rinder des Apollon, ging heim und legte sich wieder in seine Wiege. Als Apollon ihn zur Rechenschaft ziehen wollte, spielte er den Unschuldigen. Später erst schenkte er ihm seine Leier als Ausgleich für die gestohlenen Rinder. Apollon, der Gott der Harmonien, war ganz entzückt über dieses neue Instrument, dessen Klänge Liebe, Freude und Schlummer bewirken konnten.

Apollon schenkte die Leier seinem Sohn Orpheus, dessen Mutter die Muse des Gesangs, Kalliope, war. Orpheus bildete die Leier um und erhöhte die Zahl ihrer Saiten auf neun, der Zahl der Musen entsprechend.

Mit diesem Instrument und mit seiner unvergleichlichen Stimme vermochte er die wildesten Tiere des Waldes zu zähmen. Selbst die Pflanzen und Bäume hörten ihm zu und bewegten sich nach seinen Melodien.

Dieser gewaltige Sänger und Leierspieler nahm am Argonautenzug teil (—> Sternbild *Schiff Argo*), wo er seine Gefährten auf der Rückreise vor einer großen Gefahr bewahrte. Als ihr Schiff an den Klippen der Sirenen vorbeifuhr, welche die Argonauten mit ihrem verführerischen Gesang bezaubern wollten, spielte Orpheus auf seiner Leier eine so himmlisch schöne Musik, daß sie den Sirenen widerstehen konnten und die Gefahr bestanden.

Die Macht seines Leierspiels war so groß, daß Orpheus damit sogar die Macht des Todes überwinden konnte. Seine Gattin, die Nymphe Eurydike, war durch einen Schlangenbiß ums Leben gekommen. Da faßte Orpheus in maßlosem Schmerz über den Verlust den Entschluß, in die Unterwelt hinabzusteigen, um Pluton zur Rückgabe seiner Gattin zu bewegen. Es gelang dem mutigen Sänger, in das Reich des Pluton einzudringen, indem er Charon, den Fährmann zu diesem Reich, mit den Klängen seiner Leier bezauberte. Durch seine Musik beruhigte er auch den Höllenhund Kerberos, ein Ungetüm mit drei Köpfen, das den Eingang zur Unterwelt bewachte. Persephone, die Königin in diesem Reich (→ Sternbild *Jungfrau*), wurde durch das Leierspiel und den Gesang des Orpheus ebenfalls bezaubert. Sie überredete ihren Gatten Pluton, Eurydike wieder auf die Erde zurückkehren zu lassen. Pluton willigte ein, stellte aber die Bedingung, daß Orpheus sich nicht umsehen dürfe, ob Eurydike ihm folge, bevor sie die Oberwelt erreichen würden. Es ging alles gut, bis der erste Schimmer der Oberwelt in die Grotte fiel. Da wandte Orpheus sich, von heftiger Sehnsucht erfaßt, nach Eurydike um, die jetzt für immer in das Reich der Schatten zurückkehren mußte.

Orpheus zog danach als göttlicher Sänger durch die Lande, kam nach Asien und Afrika, und lernte vieles kennen. Zurückgekehrt brachte er den Menschen seines Volkes Gesetze, Religion, Dichtung und Musik mit. Die Edelsten verband er zu einem Bunde und begründete so die orphischen Mysterien.

Nach dem Tode des Orpheus wurde seine Leier an den Himmel versetzt.

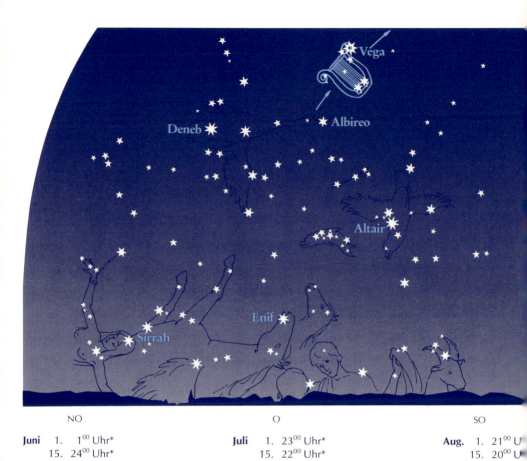

| | | | | | |
| NO | | O | | SO | |

Juni 1. 1^{00} Uhr*   **Juli** 1. 23^{00} Uhr*   **Aug.** 1. 21^{00} U
        15. 24^{00} Uhr*   15. 22^{00} Uhr*   15. 20^{00} U
                                                               * Sommerze

Das Sternbild Leier finden wir am einfachsten, wenn wir das sogenannte »Sommer-Dreieck« suchen, das in d
Sommermonaten von den Sternen Altair (im Adler), Deneb (im Schwan) und Vega (in der Leier) gebildet wi
Im Juni steht die Leier tiefer nach Nordosten zu, im Juli wie auf unserem Übersichtsbild und im August finden w
sie fast genau über uns im Zenit, jeweils am Abendhimmel um 22^{00} Uhr Sommerzeit.

Die Namen der Sterne bedeuten:

Vega (arabisch) = Abgeleitet von »der herabstürzende Adler«,
                       wie dieses Sternbild bei den Arabern hieß.

Sterngrößen:

| 0 | 1 | 2 | 3 | 4 | 5 |
| und heller | | | | | und schwäch |

80

Reda

Altair

Alshain

ADLER UND PFEIL

Adler und Pfeil

Die Legende vom Adler und dem Pfeil führt uns zu dem Titanensohn Prometheus, der nach einer griechischen Sage das Menschengeschlecht geschaffen haben soll.

Prometheus entstammte dem alten Göttergeschlecht, das von Zeus entthront worden war. Himmel und Erde waren damals schon geschaffen. Auf der Erde gab es Steine, Pflanzen und Tiere, aber es fehlte noch ein Geschöpf, dessen Leib so gebildet war, daß er zur Wohnung des Geistes werden konnte, um sich die Erde untertan zu machen. Da betrat Prometheus die Erde, der Sohn des Titanen Japetos und der Bruder des Atlas, der die Erde trug. Prometheus wußte, daß im Erdboden der Same des Himmels schlummerte, und so nahm er einen großen Klumpen Ton, befeuchtete ihn mit Wasser vom Flusse, knetete ihn und formte ihn zum Ebenbild der Götter, der Herren der Welt. Aufrecht sollte der Mensch über die Erde gehen und als einziges Wesen der Erde seinen Blick zum Himmel erheben, denn die Tiere neigen ihr Haupt zur Erde. Auch sollte dem Menschen die Sprache gegeben werden, die als Abglanz des Welten-Schöpferwortes ein Ausdruck des Geistes ist, der so die Entwicklung weiter führt.

Um den Erdenkloß zu beleben, nahm Prometheus von den Tierseelen alle guten und bösen Eigenschaften und schloß sie in die Brust des Menschen ein. Zur Vollendung seines Werkes stieg er zum Sonnenwagen auf, entzündete an ihm eine Fackel und hauchte deren Glut dem Menschen ein, dem er auf diese Weise göttliches Leben und Wärme gab.

So erschuf nach dieser Sage Prometheus den ersten Menschen und begründete damit das Menschengeschlecht auf der Erde. Lange Zeit wußten die Menschen nicht, wie der Götterfunke in ihnen wirken konnte. Da nahm Prometheus sich seiner Geschöpfe an und lehrte sie, den Auf- und Untergang der Gestirne zu beobachten sowie die Kunst des Schreibens und Zählens. Er lehrte sie die Tiere zu zähmen und sich dienstbar zu machen, Kräuter gegen Krankheiten zu suchen und vieles mehr. So wurde Prometheus auch der erste Lehrer der Menschen.

Zeus, der die Herrschaft der Welt von seinem Vater Kronos übernommen hatte, wurde auf das neue Menschengeschlecht aufmerksam und verlangte von ihm Verehrung dafür, daß es von den Göttern beschützt würde. Prometheus machte sich zum Anwalt der Menschen und versuchte den Göttervater Zeus zu überlisten. Vor einer Zusammenkunft mit den Göttern schlachtete Prometheus einen Stier, wickelte Fleisch und Knochen getrennt ein und ließ Zeus die Wahl. Dieser durchschaute die List, wählte aber absichtlich den schlechten Teil, um an Prometheus und seinem Menschengeschlecht wegen des scheinbaren Betruges seinen Zorn auslassen zu können. Zeus versagte deshalb den Menschen das Feuer, dessen sie dringend bedurften. Prometheus aber wußte auch hier Rat. Er nahm einen langen Stengel des Riesenfenchels, näherte sich mit ihm dem Sonnenwagen, setzte den Stengel in Brand und brachte das Feuer den Menschen, die es bewahrten und weitergaben.

So half Prometheus den Menschen gegen den Willen der neuen Götter, wohl wissend, daß er selbst dafür würde büßen müssen. Das geschah dann auch, als Zeus sich mit seiner Rache gegen ihn wandte. Hephaistos, der Gott des Feuers und der Schmiede, mußte Prometheus mit unauf- löslichen Ketten an eine Felswand im Kaukasus schmieden. Dort hing er aufrecht über einem schauderhaften Abgrund, schlaflos und voller Pein, aber er beugte nicht seinen Sinn. Auch dann nicht, als Zeus seinen Adler schickte, der täglich an der Leber des Prometheus zehren durfte, die sich danach immer wieder erneuerte. Diese Qual sollte solange dauern, bis ein Unsterblicher bereit sei, für Prometheus sein Leben zu opfern.

Dreißig Jahre lang kam der Adler des Zeus jeden Tag, bis Herakles (—> Sternbild *Herkules*) auf seinem Weg zu den Hesperiden am Kau- kasus vorbeikam, wo er den gequälten Titanensohn leiden sah. Er ergriff seinen Bogen und erlegte den Adler. Danach befreite er Prometheus von seinen Ketten und dann auch von seiner Strafe, weil der Kentaur Chiron (—> Sternbild *Zentaur*) sich erbot, auf die eigene Unsterblichkeit zu ver- zichten und für Prometheus zu sterben. Damit Zeus sich aber weiterhin rühmen konnte, daß sein Feind immer noch an den Kaukasusfelsen ge- schmiedet sei, trug Prometheus fortan einen eisernen Ring mit einem Steinchen von jenem Felsen.

Der Adler des Zeus und der Pfeil des Herakles wurden von den Göttern an den Sternenhimmel versetzt, um die Erinnerung an die Leiden des Prometheus und an seine Befreiung wachzuhalten.

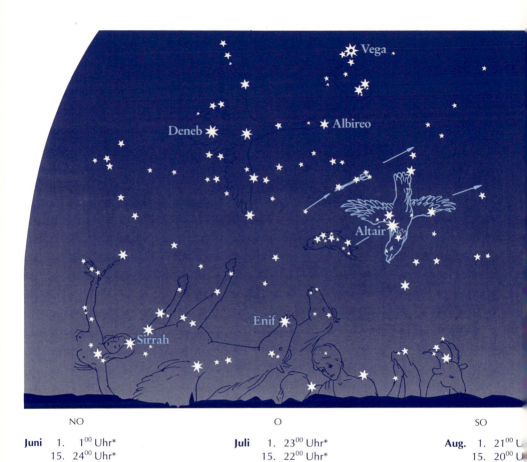

Juni 1. 1^{00} Uhr*	**Juli** 1. 23^{00} Uhr*	**Aug.** 1. 21^{00} U
15. 24^{00} Uhr*	15. 22^{00} Uhr*	15. 20^{00} U
		* Sommerz

Die Sternbilder Adler und Pfeil finden wir im Juni genau im Osten, nicht weit über dem Horizont, im Juli zwisch Osten und Südosten (–> Bild) und im August weiter nach Süden aufsteigend, jeweils am Abendhimmel 22^{00} Uhr Sommerzeit.

Die Namen der Sterne bedeuten:

Altair (arabisch) = Der fliegende Adler

Sterngrößen:

0	1	2	3	4	5
und heller					und schwäc

84

DELPHIN

Delphin

Eine schon zweitausend Jahre alte Legende erzählt uns, wie dieser Delphin an den Himmel kam. Es ist die Legende von Arion, einem damals in Griechenland berühmten und überall bekannten Sänger. Von ihm wurde erzählt, daß er durch sein Lied die strömenden Gewässer lenken konnte und daß auch die wildesten Tiere zahm wurden, wenn sie seine Stimme hörten: Der Wolf hörte auf, das Lämmlein zu verfolgen, der Hase legte sich ruhig neben den Hund und die Hirschkuh neben die Löwin. Auch die Taube verlor ihre Furcht vor dem Habicht, wenn Arions Lieder ertönten, und der Friede kehrte überall ein.

Den Frieden um sich verbreitend, zog der berühmte Sänger durch die Lande, bis er sich wieder nach der Heimat sehnte. Da bestieg er sein Schiff und nahm alle Schätze, die er durch seine Kunst erworben hatte, mit sich. Dies sahen die Schiffsleute, und als das Schiff mitten auf dem Meere war, umringten sie den Sänger. Drohend zückte der Anführer sein Schwert, um Arion seiner Schätze wegen zu erschlagen, aber furchtlos sagte dieser: »Ich flehe nicht um mein Leben, aber vergönnt mir, noch einige Töne auf meiner Leier zu spielen.«

Lachend gewährten die wilden Burschen ihm diese Frist. Arion setzte sich den Lorbeerkranz auf, hüllte sich in den Mantel von tyrischem Purpur und spielte auf seiner Leier. Es klang wie der Sterbegesang eines Schwanes, der sich, von einem Pfeil tödlich getroffen, von der Welt verabschiedet. Diese Töne besänftigten sogar die wilden Herzen der zum Mord bereiten Burschen um Arion. Er nutzte die Gelegenheit und sprang mit seiner Leier ins Meer. Hoch spritzte die Gischt auf, als der Sänger in das Wasser eintauchte – aber ein Wunder geschah: er sank nicht unter, sondern er fand sich plötzlich auf dem Rücken eines Delphins, der neben dem Schiff schwamm und ihn jetzt sicher durch das Meer trug. Arion, glücklich über die unerwartete Rettung, sang und spielte zum Dank auf seiner Leier die schönsten Melodien. Still lauschte das besänftigte Meer, bis sie sicher das Ufer erreichten.

Zum Dank für die wundersame Rettung des Arion erhoben die Götter den Delphin zum Himmel und verliehen ihm neun Sterne, die nur bei sehr günstigen Verhältnissen alle zu sehen sind.

In den »Homerischen Götterhymnen« steht eine weitere Legende über einen Delphin, durch den die berühmte Orakelstätte von Delphi ihren Namen bekam.

Als einst kretische Männer in einem Schiff von der Insel Kreta nach Pylos fuhren, kam ihnen der Gott Phoibos-Apollon entgegen. Er hatte die Gestalt eines Delphins angenommen und sprang vom Meer unmittelbar auf das schnelle Schiff. Erschrocken sahen die Schiffer das riesige Tier da liegen. Wenn sie ihm näher kommen wollten, um es zu betrachten, rüttelte es so am Schiff, daß die Balken erbebten. Da ergriff sie eine große Furcht. Sie wagten es nicht, Segel und Taue zu lösen, und so fuhr das Schiff weiter, wohin der scharfe Südwind es trieb. An Maleia, einem gefährlichen Kap, kamen sie glücklich vorbei, fuhren längs dem lakonischen Lande und erreichten Tainaros, die Stätte des menschenerfreuenden Helios. Dort wollten die Kreter an Land gehen und sehen, ob das ihnen unheimliche Tier auf dem Deck ihres Schiffes liegenbleiben oder sich in die Brandung des fischereichen Meeres stürzen würde. Doch das Steuer gehorchte ihnen nicht, und sie mußten weiter dahin fahren, wohin ein Hauch des Apollon ihr Schiff trieb. Am üppigen Peloponnes vorbei, fuhren sie der Sonne entgegen und kamen, gen Osten gewendet, zum rebenumgrünten Hafen von Krisa. Dort fuhr ihr Schiff auf das sandige Ufer. Apollon aber, der Delphin, sprang von Bord und erhob sich zum Himmel. Er glich einem Stern am hellen Mittag, Funken sprühten von ihm und Glanz erfüllte den ganzen Himmel.

Als die Kreter im nahen Tempel von Delphi, der damals noch nicht so hieß, ankamen, gab sich ihnen der Gott zu erkennen und sagte: »Als Delphin habe ich euer Schiff hierher geleitet. Ihr sollt mich den Delphinier nennen, und der Altar dort wird als der delphinische überall bekannt werden.« So erhielt die berühmte Orakelstätte von Delphi ihren Namen.

Über die Delphine, von denen es in den griechischen Gewässern früher viele gab, gibt es noch manche Legenden, in denen die Hilfsbereitschaft, die Treue, die Anhänglichkeit und die Dankbarkeit dieser Tiere besungen wird. Plutarch, der uns eine ganze Reihe dieser Legenden überliefert hat, schreibt in seinem Werk »Über den Verstand der Land- und Wassertiere« von den Delphinen: »Nur der Delphin besitzt allein und von allen Tieren von Natur aus, was die edelsten Philosophen verlangen: uneigennützige Liebe zu den Menschen. Denn nie bedarf er des Menschen, nie ist er auf ihn angewiesen, und doch erweist er ihm hilfreichen Dienst, oft dabei sein Leben opfernd.«

In unseren Meeren gibt es leider keine Delphine. Dafür gibt es in einigen Tiergärten, zum Beispiel in Nürnberg, besondere Häuser, Delphinarien genannt, in denen Delphine gehalten und vorgeführt werden. Es lohnt sich, diese intelligenten, sensiblen und lustigen Tiere zu beobachten. Wer einmal erlebt hat, wie sie aus dem Wasser springen, wird auch zum Sternbild *Delphin* eine Beziehung bekommen, denn dieser Delphin scheint am Himmel genauso zu springen.

NO	O	SO
Juni 1. 1^{00} Uhr*	**Juli** 1. 23^{00} Uhr*	**Aug.** 1. 21^{00} Uh...
15. 24^{00} Uhr*	15. 22^{00} Uhr*	15. 20^{00} Uh...
		* Sommerzei...

Das Sternbild Delphin steigt im Juni zwischen Nordosten und Osten am Horizont auf, ist im Juli im Osten z... finden (—> Bild) und im August im Südosten noch höher über dem Horizont, jeweils am Abendhimmel un... 22^{00} Uhr Sommerzeit.

Sterngrößen:

0	1	2	3	4	5
und heller					und schwäche...

HERBST-STERNBILDER

Gredi

Dabih

Nashira

Scheddih

STEINBOCK

Steinbock

Auch dieses Sternbild ist sehr alt. Es stammt aus der sumerischen Kultur, der ersten Hochkultur der Menschheit, vor rund 5000 Jahren. Damals hieß es allerdings suhurmashu, das heißt auf Deutsch »Ziegenfisch«, und gehörte zum »Rad des Ea«, des Meeresgottes. Dieser war auch der Gott der Weisheit und der Vater des Marduk (→ Sternbild *Schütze).* Das Bild des Ziegenfisches blieb, als die Griechen auch dieses Sternbild von den Babyloniern, den Nachkommen der Sumerer, übernahmen. Die Griechen nannten es aber »Meeresziege«. Erst später wurde daraus der Name »Steinbock«, der mit dem Bild nicht mehr übereinstimmt.

In diesem Sternbild sahen die alten Griechen ihren Hirtengott, den großen Pan, oder dessen Sohn verstirnt. Der Homerische Hymnus »An Pan« beschreibt seine Herkunft wie folgt: Der Götterbote Hermes war selbst auch ein Gott. Als er einst nach Arkadien kam, wo sein Stammesheiligtum war, hütete er die Schafe eines Mannes namens Dryops, in dessen schöne Tochter er sich verliebt hatte. Ihre Hochzeit war »ein einziges Schmausen«, wie es im Hymnus heißt. Als das Mädchen dann im Palast dem als Schafhirten verkleideten Hermes einen Sohn gebar, erschrak sie über dessen wunderliches Aussehen. Denn das Kind hatte die Beine und Füße einer Ziege und dazu einen Ziegenbart und zwei Hörner. Furcht ergriff da die Mutter, als sie den kleinen bärtigen Unhold ansah, und sie entfloh und ließ den Knaben der Amme. Sein Vater Hermes, welcher auch der Hurtige genannt wurde, empfing ihn, nahm ihn gleich auf den Arm und freute sich in seinem Herzen unbändig über das Kind. Dann hüllte er seinen Sohn in dichte Hasenfelle und eilte mit ihm rasch zum Sitz der Unsterblichen auf den Olymp. Dort setzte er sich zu Zeus und zeigte ihm und den anderen Göttern sein Söhnchen. Da wurden alle Unsterblichen von Herzen froh und vergnügt, und da er alle vergnügte, nannten sie ihn »Pan«.

Der ziegenbeinige Pan wurde den Griechen ein Gott ihrer Herden, vor allem der Ziegen. Weil es in Arkadien viele Ziegen gibt, nahmen sie auch dort seinen Wohnsitz an. Von ihm wurde erzählt, daß er die Nymphen sehr liebte. Als er einst, von Liebe entbrannt, eine von ihnen verfolgte, floh sie bis an einen Fluß, wo sie sich in ein Schilfrohr verwandelte. Pan umarmte das Schilfrohr und als der Wind, der in das Schilfrohr blies, klagende Töne hervorbrachte, versuchte Pan diese Töne nachzumachen. Er nahm sieben Rohre vom Schilf und fügte sie so zusammen, daß das folgende immer um ein bestimmtes Maß kürzer war als das vorangehende. So erfand er die Hirtenflöte, welche den Namen der verwandelten Nymphe bekam und von den Griechen Syrinx genannt wird.

Als ein Gott der freien Natur wohnte Pan in den Bergen und Wäldern und galt als der Schutzgott der Hirten und der Jäger. Tagsüber weilte er bei den Herden und Jägern, abends bei den tanzenden und singenden Nymphen, denen er auf seiner Pansflöte zum Tanz aufspielte. Um die heiße Mittagsstunde aber, wenn die Sonne brütet und Tiere und Menschen müde sind, ruht auch Pan von der Jagd. Das ist die »Stunde des großen Pan«. In dieser Zeit wagt es kein Hirte, ihn durch sein Flötenspiel in der Ruhe zu stören, denn er ist sehr empfindlich und reagiert böse, wenn er gestört wird. Daher kommt auch der Ausdruck »Panischer Schrecken«. Von ihm kann leicht ein Mensch ergriffen werden, wenn es in den einsamen Bergen plötzlich schallt oder ruft und seine Seele dem großen Naturgeiste gegenüber von Furcht, Angst und Mutlosigkeit erfüllt ist.

Pan wurde aber auch als ein Gott des Lichtes angesehen, das am Morgen zuerst die Bergesgipfel rötet und am Abend am längsten auf ihnen verweilt. Auf einem Vasengemälde, welches den Anbruch des Tages zeigt, steht Pan auf einem Berge und begrüßt als erster den aufgehenden Helios.

Durch seine Naturverbundenheit nahm Pan unter den griechischen Göttern eine Sonderstellung ein. Als in Ägypten der furchtbare Götterfeind Typhon die Götter bedrohte, riet Pan ihnen, sich in Tiere zu verwandeln. Er selbst nahm die Gestalt einer Ziege an. Als die Gefahr dann vorbei war, sollen die Götter zum Dank für seinen Rat sein Bild als das Sternbild an den Himmel gesetzt haben, das wir als *Steinbock* bezeichnen. So hat es uns Hyginus überliefert. Seither wurde der Hirtengott auch Aigipan genannt, was auf Deutsch »Ziegenpan« heißt.

Pan hatte einen Sohn, und dieser ist es, der nach der Überlieferung anderer Schriftsteller des Altertums im Sternbild *Steinbock* verstirnt wurde. Er hieß Aigokeros und war ein Milchbruder des Zeus, als dieser in seiner Kindheit auf der Insel Kreta von der Ziege Amalthea genährt wurde (→ Sternbild *Kleiner Bär*). Nachdem Zeus an die Macht gekommen war, versetzte er nicht nur die Ziege, sondern auch seinen Milchbruder unter die Sterne. Denn Aigokeros hatte ihm beim Kampf mit den Titanen durch eine großartige Erfindung geholfen. Er hatte nämlich herausgefunden, daß die spiralenförmig gebogene Tritonenmuschel einen dumpf heulenden Ton hervorbringt, wenn sie geblasen wird. Das tat er, und in wildem Schrecken flohen die Titanen davon.

Um dieser Erfindung willen, die den Aigokeros in die Nähe der Wassergeister brachte, soll Zeus ihm einen Fischschwanz gegeben haben, als er ihn als Meeresziege im heutigen Sternbild *Steinbock* an den Sternenhimmel versetzte.

SO	S	SW

Aug. 1. 1^{00} Uhr*   **Sept.** 1. 23^{00} Uhr*   **Okt.** 1. 20^{00} U
     15. 24^{00} Uhr*   15. 22^{00} Uhr*   15. 19^{00} U
                                  * Sommerzeit

Das Sternbild Steinbock steigt im August im Südosten auf, erreicht im September im Süden seine höchste Stellur
über dem Horizont (→ Bild), steigt im Oktober nach Westen zu ab und geht im November im Südwesten unte
jeweils am Abendhimmel um 21^{00} Uhr bzw. 22^{00} Uhr Sommerzeit.

Die Namen der Sterne bedeuten:

Dabih (arabisch)   = Bedeutung unklar
Gredi (arabisch)   = abgeleitet von al-gadi »Steinbock«
Nashira (arabisch) = Bedeutung unklar
Scheddih (arabisch) = abgeleitet von dsanab el-dscheddi »Schwanz des Steinbocks«

Sterngrößen:

0   1   2   3   4   5
und heller   und schwäch

Albali

Sadalsud

Sadalmelek

Sadalachbia

Ancha

Scheat

Fomalhaut

WASSERMANN
UND
SÜDLICHER FISCH

Wassermann und Südlicher Fisch

Der *Wassermann* wird für eines der ältesten Sternbilder gehalten. In den frühesten Überlieferungen war er eine Gottheit, die den Menschen Wasser spendete. Bei den Babyloniern war es die Wassergöttin Gula, die aus zwei Krügen Wasser auf die Erde goß. Daraus entstanden Euphrat und Tigris, die das Zweistromland belebenden Ströme. Für die Ägypter war es der Nilgott, der personifizierte Gott ihres großen Flusses Nil, aus dessen beiden Krügen der Weiße und der Blaue Nil, die beiden großen Quellflüsse des Nils, strömten.

Die alten Griechen brachten sogar ihren Mythos von der Sintflut in Zusammenhang mit diesem Sternbild und sahen im Wassermann Deukalion, den griechischen Noah, der das neue Menschengeschlecht begründete. Die Legende darüber finden wir unter anderem bei Ovid im 1. Buch seiner »Metamorphosen«.

Dem Göttervater Zeus war zu Ohren gekommen, daß das Menschengeschlecht verderbt sei. Er wollte das nicht glauben und durchwanderte in Menschengestalt die Erde, um sich selbst davon zu überzeugen. Dabei erlebte er Frevel und Mord und beschloß, dieses Menschengeschlecht ganz zu vertilgen. Er wollte es ertränken und vom gesamten Himmel alle Wasser auf einmal ausgießen. Dazu verschloß er den Nordwind und die anderen Winde, die dichtes Gewölk verscheuchen, und schickte nur den Südwind, der mit durchfeuchteten Schwingen an die Erde heranschwebte. Finsternis, schwarz wie Pech, überdeckte sein entsetzliches Antlitz. Sein Bart war von Wolken schwer, die grauen Haare trieften. Nebel umlagerten die Stirn und durchnäßt waren Flügel und Busen. Und als er mit der Hand die weithin tiefhängenden Wolken preßte, stürzten die Regenmassen vom Himmel hernieder. Alle Flüsse und Meere traten über ihre Ufer, Bäume und Häuser wurden von den flutenden Wassermassen weggerissen, und die Menschen ertranken.

Nur Deukalion, Sohn des Prometheus (→ Sternbild *Adler)* und Herrscher über das Land um Pythia, war von seinem Vater gewarnt worden. Er hatte für seine Frau Pyrrha und sich eine Arche gebaut. In diese stiegen beide, nur mit dem Nötigsten versehen, zu Beginn der großen Flut. Neun Tage und neun Nächte trieb ihre Arche auf den Wassern, bis der gewaltige Regen aufhörte und sie auf dem Gipfel des Parnaß wieder festen Grund fanden.

Da stiegen sie aus und opferten, dankbar für ihre Errettung, dem großen Zeus. Sie waren die einzigen Menschen, welche die Sintflut überlebt hatten. In ihrer Einsamkeit und Not befragten sie das Orakel der Göttin Themis, die ihnen riet, die Gebeine ihrer Mutter hinter sich zu werfen, um die Erde wieder zu bevölkern. Davor scheuten sie zunächst zurück, bis eine Eingebung dem Deukalion sagte, daß unser aller Mutter die Mutter Erde sei, und daß als deren Gebeine die Steine angesehen werden können. Da warfen sie mit ehrfurchtsvoll abgewandtem Blick harte Kieselsteine hinter sich. Als sie sich umsahen, waren aus den von Deukalion geworfenen Steinen Männer und aus den von Pyrrha geworfenen Steinen Frauen geworden: ein neues Menschengeschlecht war entstanden.

Als sich die Wassermassen verliefen, errichtete Deukalion an dem Schlund, in den sich das letzte Wasser in die Erde zurückzog, der Göttin Hera einen Tempel und betete zu ihr. Zweimal im Jahr holte er mit einem Krug Wasser aus dem Meer und goß es in heiliger Handlung in die Kluft, die noch in historischer Zeit den Fremden gezeigt wurde. Denn der Ort wurde von den Griechen heilig gehalten und später Hierapolis, das heißt »Heilige Stadt« genannt, und sie führten den Brauch lange Zeit fort.

Deukalion aber wurde für die Griechen zum Wassermann am Himmel, der aus seinem Krug ständig Wasser ausgießt, das vom Südlichen Fisch ausgetrunken wird, wie es das Sternbild zeigt. Der Südliche Fisch, der auch »Großer Fisch« genannt wird, soll die aus Babylonien stammende Göttin Derketo sein, wie wir von Ovid und aus einer in Syrien beziehungsweise Palästina erzählten Legende wissen. Aus Scham vor einem Fehltritt soll sie sich in den heiligen Teich gestürzt und in den Großen Fisch verwandelt haben, den wir am Himmel sehen. Eine andere Überlieferung sagt, daß die in den Teich von Bambyke gefallene Derketo, die auch Isis genannt wird, von einem großen Fisch gerettet wurde. Zum Dank dafür wurde dieser mit seinen zwei Sprößlingen am Himmel verstirnt, er als der Große oder der Südliche Fisch und seine Sprößlinge als die beiden Tierkreis-Fische (→ Sternbild *Fische*).

Noch eine andere Legende wurde von den alten Griechen mit dem Sternbild Wassermann verbunden, die Geschichte von dem schönen Jüngling Ganymed. Ganymed, ein Sohn des Königs Tros, von dem Troja seinen Namen bekam, soll zu seiner Zeit der schönste aller Erdenbewohner gewesen sein. Ihn erwählten die Götter zu ihrem Mundschenk und Zeus selbst war es, der ihn in der Gestalt eines Adlers von der Erde zum Olymp trug. Dort soll er, wie die Griechen glaubten, als Liebling des Zeus in ewiger Jugend den Göttern Nektar ausschenken.

Der untröstliche Vater wurde von Zeus auf mancherlei Weise entschädigt. Das berühmteste Geschenk waren zwei unvergleichliche, unsterbliche Rosse, die wie der Wind über Wasser und stehendes Getreide laufen konnten. Sie kamen später in den Besitz von Laomedon und wurden der Anlaß zum ersten Trojanischen Krieg.

	SO		S		SW
Sept.	1. 1^{00} Uhr*	**Okt.**	1. 22^{00} Uhr	**Nov.**	1. 20^{00} U
	15. 24^{00} Uhr*		15. 21^{00} Uhr		15. 19^{00} U
	* Sommerzeit				

Das Sternbild *Wassermann* geht im Juli/August zwischen Osten und Südosten auf, ist ab September im Südost
ganz über dem Horizont zu sehen, erreicht im Oktober im Süden seine höchste Stellung über dem Horizont ($\rightarrow$ Bi
und sinkt dann im November/Dezember im Südwesten langsam unter den Horizont, jeweils am Abendhimmel u
21^{00} Uhr beziehungsweise 22^{00} Uhr Sommerzeit.

Das Sternbild *Südlicher Fisch* ist nur im Oktober am Abendhimmel um 21^{00} Uhr zu finden ($\rightarrow$ Bild) und nur l
günstigen Beobachtungsverhältnissen. Seinen hellen Stern Fomalhaut kann man bei günstigen Verhältniss
jedoch zur gleichen Zeit auch im September zwischen SO und S und im November zwischen S und SW na
über dem Horizont sehen.

Die Namen der Sterne bedeuten:

Fomalhaut (arabisch)   = abgeleitet von fam al-hut al-ganubi »Maul des Südlichen Fisches«
Sadalachbia (arabisch)   = abgeleitet von sad al-ahbiya »Glücksgestirn der Zelte«
Sadalsud (arabisch)   = abgeleitet von sad as-suud »das Glücksgestirn der Glücksgestirne«
Scheat (arabisch)   = abgeleitet von »Schienbein (des Wassermanns)«

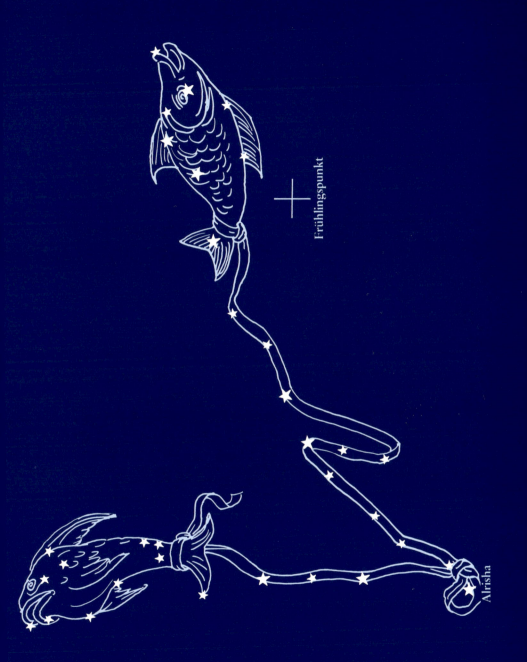

Frühlingspunkt

Alrisha

FISCHE

Fische

Diese himmlischen Fische, von Ovid auch »ätherische Rosse« genannt, stehen in einem geheimnisvollen Zusammenhang mit dem griechischen Schöpfungsmythos vom Kampf des Lichtes mit der Finsternis.

Zeus, der erhabene und mächtige Beherrscher des Olymp, beschloß, sich mit der Nymphe Pluto zu vereinigen und zeugte mit ihr den Tantalos. Bevor er zu ihr ging, versteckte er des Äthers Rüstung und seine Blitze in einem Felsenwinkel. Dies wurde von Gaia, der Mutter Erde, bemerkt, und sie gab ihrem Sohn Typhon einen Wink. Dieser war ein schrecklich gestaltetes Ungeheuer mit Füßen wie Schlangen. Aus seinen Schultern wuchsen ihm hundert Drachenköpfe, und jeder dieser Köpfe konnte schreien wie ein Tier. Sie brüllten wie Stiere und Löwen, heulten wie Wölfe, bellten wie der Höllenhund und fauchten wie Wildkatzen.

Auf seiner Mutter Geheiß stahl Typhon die Götterwaffen aus dem Felsenwinkel. Er spürte sogleich ihre Kraft, als er sie an sich nahm, und ein Rausch überfiel ihn: er wollte den Himmel vernichten und sich ein eigenes Reich erschaffen.

Dazu ergriff er den Saum des Olymp und erschütterte das Himmelsgewölbe, das zu bersten drohte. Die unbeirrbaren Sterne trieb er aus ihrer Bahn und verfolgte sie mit heftigen Schlägen seiner schlangenartigen Füße. Mit seiner langen Hand ergriff er den Fuhrmann, peitschte den Rücken des hagelbringenden Steinbocks und zerrte die beiden Fische vom Äther aufs Meer.

Typhon wütete so lange weiter, bis seine Kräfte erlahmten. War es für Zeus ein Leichtes, Blitze zu schleudern und Donner rollen zu lassen, Typhon wurde dies zur schweren Last.

Kadmos, der Bruder von Europa, war zu dieser Zeit auf der Suche nach seiner Schwester, die Zeus in der Gestalt eines Stieres nach Kreta entführt hatte (→ Sternbild *Stier*). Dem Umherirrenden begegnete der waffenlose Zeus und entwickelte gemeinsam mit ihm einen Plan, um Typhon zu bezwingen und dadurch den Himmel zu retten.

Kadmos wurde von Zeus in einen Hirten verwandelt und bekam von ihm eine wundervoll klingende Rohrschalmei, der er die lieblichsten Töne entlockte. Typhon, der liederfrohe Gigant, hörte diese Flötentöne, ließ die flammenden Waffen des Zeus in der Höhle bei seiner Mutter Gaia und spürte den bestrickenden Klängen nach. Als er Kadmos fand, war er so entzückt, daß er wünschte, daß dieser immer für ihn spielen sollte. Dafür versprach er ihm alle Freuden des Himmels, denn er sah sich schon auf dem Throne des Olymp, die Götter als seine Sklaven. Kadmos sollte ihm als Freund zur Seite stehen und immer auf seiner Schalmei spielen.

Während das Ungeheuer so auf Kadmos einredete, schlich sich Zeus in die Höhle und holte sein Eigentum zurück. Jetzt war er für den Kampf mit dem Widersacher gerüstet. Dieser ahnte Schlimmes, als die Schalmeientöne verklangen und Kadmos aufhörte zu spielen. Er eilte zu seiner Höhle zurück, doch sie war leer. Zu spät merkte er, daß Kadmos und Zeus ihn überlistet hatten.

In ungeahnter Wut begann das Ungeheuer zu rasen. Aus dem Maule spie er weit hinwegschleudernd giftigen Geifer. Von den Natterhaaren des gipfelhohen Giganten regneten giftige Quellen, so daß Ströme die Schluchten durchschossen, und Berge warf er wie Lanzen gegen den Himmel.

Auf der Suche nach seinen Feinden verfolgte Typhon nicht nur Nymphen und Dryaden, sondern auch Götter und Göttinnen, die vor ihm davonflohen. So floh auch Göttin Dione, die ursprüngliche Gemahlin des Zeus, vor dem Ungeheuer, nur von ihrem Söhnchen begleitet, dem kleinen Eros. Sie kamen an den Euphrat und ließen sich am Rande des Gewässers von Palästina nieder, um auszuruhen. Pappeln und Schilf bedeckten das Ufer, und unter dem Weidengebüsch ließ sich ein Versteck erhoffen.

Während sie so verborgen waren, brauste plötzlich das Gebüsch vom Winde. Aus Furcht erbleichte Dione, denn sie glaubte, der Verfolger würde nahen. Ihr Kind fest an den Busen gedrückt rief sie: »Helfet uns, ihr Nymphen, und errettet mein Kind und mich aus der Gefahr«. Ohne Verzug stürzte sie sich in die Fluten. Doch sie versanken nicht, denn Nymphen hatten den Hilferuf vernommen und Zwillingsfische waren bereit, um sie sicher ans andere Ufer zu tragen.

Und diese Fische sind es, die wir nun im Sternbild *Fische,* vereint durch ein glänzendes Sternenband, sehen. Als Typhon von den Blitzen des Zeus getroffen wurde und im Feuer des Himmels verbrannte, war der Kampf des Lichtes mit der Finsternis gewonnen. Die Fische wurden zum Lohn für ihre gute Tat unter die Sterne versetzt.

Das Sternbild *Fische* ist in unserer Zeit dadurch vor allen anderen ausgezeichnet, daß sich in ihm der Frühlingspunkt befindet. Dies ist derjenige Punkt am Fixsternhimmel, wo die Sonnenbahn (Ekliptik) den Himmelsäquator schneidet, und die Sonne am 21. März steht. Jedes Jahr bewegt sich der Frühlingspunkt ein klein wenig in Richtung auf das Sternbild *Wassermann* zu, also nach rechts. Nach rund 500 Jahren wird das Sternbild *Wassermann* erreicht sein. Dann wird der Frühlingspunkt ungefähr 1800 Jahre in diesem Sternbild stehen, wie er jetzt seit rund 2000 Jahren im Sternbild *Fische* steht.

SO	S	SW
Okt. 1. 24^{00} Uhr	**Nov.** 1. 22^{00} Uhr	**Dez.** 1. 20^{00} U
15. 23^{00} Uhr	15. 21^{00} Uhr	15. 19^{00} U

Das Sternbild Fische geht im August im Osten auf, steigt im September/Oktober nach Südosten zu auf und erreic im November im Süden seine höchste Stellung über dem Horizont (⟶ Bild). In den folgenden Monaten sinkt allmählich über Südwesten nach Westen zu ab und ist ab Februar nicht mehr zu sehen, jeweils am Abendhimm um 21^{00} Uhr.

Die Namen der Sterne bedeuten:

Alrisha (arabisch) = abgeleitet von ar-risa »der Strick« oder
»das Seil«

Sterngrößen:

0	1	2	3	4	5
und heller					und schwäch

Erakis

Alderamin

Alphirk

Alrai

KEPHEUS

Kepheus

Im Aithiopenlande herrschte einst König Kepheus mit seiner Gemahlin Kassiopeia. Sie hatten eine Tochter, die schöne Andromeda, eine Jungfrau im mannbaren Alter. Alle lebten glücklich und zufrieden, bis Kassiopeia, von Eitelkeit ergriffen, die Nereiden beleidigte (—> Sternbild *Kassiopeia*). Die gekränkten Nereiden wandten sich an ihren Beschützer Poseidon, und dieser schickte aus dem atlantischen Meere ein Meeresungeheuer, welches Menschen und Herden verschlang.

In seiner Not sandte König Kepheus Boten zu dem Orakel des Zeus-Ammon und ließ um Rat fragen. Die schreckliche Antwort lautete: Erst wenn die schöne Andromeda, die Tochter der vermessenen Königin Kassiopeia, dem Ungeheuer als Beute preisgegegben wird, hat die Not ein Ende. Der unglückliche Vater weigerte sich lange, diesen grausamen Spruch anzuerkennen. Doch als immer mehr Menschen durch das Untier starben, bedrängten die erregten Aithiopen ihren König so sehr, seine Tochter für die Rettung des Volkes zu opfern, daß er sich nicht mehr widersetzen konnte. Wehen Herzens mußte er sie freigeben. Andromeda wurde mit beiden Armen an eine Klippe am Ufer des Meeres angeschmiedet. Dort fand Perseus sie, der gerade das Abenteuer mit der Gorgone Medusa bestanden hatte (—> Sternbild *Perseus*) und verliebte sich in die schöne Jungfrau (—> Sternbild *Andromeda*).

Als Perseus sich ihrer Gegenliebe versichert hatte, eilte er zu ihren Eltern und traf sie so an, wie sie als Bilder verstirnt wurden, mit hilflos erhobenen Armen zu den Göttern um Hilfe flehend. Er erschien ihnen als Helfer in höchster Not. Als er ihnen versprach, die schutzlos dem Verderben preisgegebene Tochter von dem Ungeheuer zu befreien und damit vom sicheren Tode zu erretten, willigte König Kepheus gerne in seine Bedingung ein, sie ihm zum Weibe zu geben. »Du sollst nicht nur meine Tochter zum Weibe haben«, sprach er zu Perseus, »sondern noch mein Königreich dazu, wenn du uns von dem Untier befreist!«

Nach diesem Gelöbnis des Königs eilte Perseus schnell zu der Jungfrau zurück und kämpfte mit dem Ungeheuer, bis er es getötet hatte (—> Sternbild *Walfisch*).

König Kepheus freute sich, daß diese leidvolle Geschichte so gut ausgegangen war, und gab dem tapferen Helden gerne seine Tochter zur Frau. Er ließ die Hochzeit von Perseus mit Andromeda gründlich vorbereiten und richtete ein großes Festmahl aus, zu dem alle Edlen seines Volkes in seinen Palast geladen wurden. Alle waren glücklich und zufrieden. Perseus erzählte gerade, wie er das Haupt der Medusa gewann, als im Saal eine Unruhe entstand.

Phineus war es, der Bruder des Königs, der mit seinen bewaffneten Mannen in den Saal eingedrungen war. »Hier bin ich« ruft Phineus in den Saal, »um den Raub meiner Gemahlin zu rächen!« Jetzt erst erfährt Perseus, daß Andromeda schon lange vorher dem Bruder ihres Vaters zum Weibe versprochen worden war. Schon will Phineus den Nebenbuhler mit der Lanze durchbohren, als König Kepheus ihm entgegnet: »Was willst du tun, rasender Bruder? Was treibt dich zu dieser Tat? Willst du so den Jüngling belohnen, der ihr das Leben gerettet hat? Als man sie band, schautest du nur zu und halfst ihr nicht, weder als Oheim, noch als Verlobter. Kränkt es dich denn, daß jemand das Mädchen gerettet? Laß' sie jetzt ihm, der sie sich holte! Vom greisen Vater erhielt er sie, die dem sicheren Tode geweiht war. Er hat sich's bedungen, und er hat sich's verdient.«

So versuchte der König, mit Worten das Herz seines Bruders zu erweichen. Doch jener erwiderte nichts. Bald blickte er seinen Bruder und bald den Perseus an, unschlüssig, nach wem er die Waffe zuerst werfen sollte. Doch er zauderte nicht lange und schleuderte den Speer auf Perseus – aber er durchbohrte nur das Polster. Jetzt erst sprang Perseus auf, schleuderte ihm die eigene Lanze entgegen und hätte die Brust des Verbrechers zerschmettert, wenn dieser sich nicht hinter einem Altar versteckt hätte. Die Lanze traf den Rhoetus, einen Vertrauten des Phineus, genau in die Stirne und tötete ihn auf der Stelle.

Jetzt entbrannte ein heftiger Kampf zwischen den Mannen des Phineus und denen des Königs. Dabei waren die Angreifer im Vorteil, denn sie hatten ihre Waffen schon gezückt, als sie eindrangen, während die Mannen des Königs beim Hochzeitsschmaus saßen und sich erst bewaffnen mußten. Hunderte fielen auf beiden Seiten und viele streckte Perseus selbst nieder, bis er einsah, daß auch seine Kraft der Menge nicht gewachsen war. Da rief er laut in den Saal: »Ihr selbst nötigt mich, mir beim Feinde Hilfe zu holen. So wende sein Antlitz ab, wer mir als Freund noch geblieben!« Er rief es und holte aus seiner Tasche das Haupt der Gorgo. Wer es erblickte, erstarrte im Augenblick zum Bilde aus Marmor. Alle zweihundert Freunde des Phineus, die den Kampf bisher überstanden hatten, erstarrten zu Marmor, und zum Schluß er selbst auch. Vergeblich flehte er aus Furcht um sein Leben, denn zu groß war das Unrecht, das er bewirkt hatte.

Nach diesen Erlebnissen wollte Perseus nicht im Aithiopenlande bleiben. Mit seiner Frau, der schönen Andromeda, kehrte er in die Heimat zurück. Sie bekamen viele Kinder, welche das Geschlecht der Perseiden, zu dem sich auch die Könige von Persien zählten, berühmt machten.

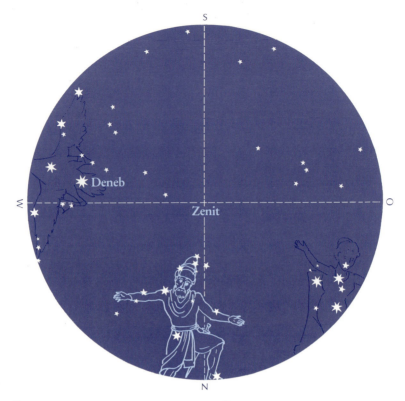

Sept.	1.	1^{00} Uhr*	Okt.	1.	22^{00} Uhr	Nov.	1.	20^{00} Uhr
	15.	24^{00} Uhr*		15.	21^{00} Uhr		15.	19.^{00} Uhr
	* Sommerzeit							

Die zum Sternbild Kepheus gehörenden Sterne sind Zirkumpolarsterne, die sich ständig um den nördliche Himmelspol drehen und immer über dem Horizont befinden. Im September finden wir den Kepheus im Nordoster sehr hoch über dem Horizont, im Oktober nahe dem Zenit (→ Bild) und im November zwischen Nordwesten un Norden, auch noch sehr hoch über dem Horizont, jeweils um 21^{00} Uhr, bei Sommerzeit um 22^{00} Uhr.

Die Namen der Sterne bedeuten:

Alderamin (arabisch)   = abgeleitet von ad-dira [al-]yamin »rechter Arm«
Alphirk (arabisch)   = vermutlich abgeleitet von Cawacib AlPhirk
                         »Schafherde«
Alrai (arabisch)   = Bedeutung unbekannt

Sterngrößen:

| 0 | 1 | 2 | 3 | 4 | 5 |
| und heller | | | | | und schwäch |

106

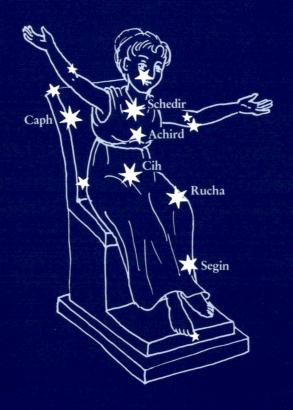

Caph

Schedir

Achird

Cih

Rucha

Segin

KASSIOPEIA

Kassiopeia

Dieses Sternbild ist neben dem *Großen Bären* (oder dem *Großen Wagen)* vielleicht das bekannteste Sternbild überhaupt. Seine Sterne sind als Zirkumpolarsterne in jeder klaren Nacht zu sehen und bilden ein großes, sehr charakteristisches W. Die Legende, die von den alten Griechen mit diesem Sternbild verbunden wurde, stammt aus dem 6. Jh. v. Chr. und wurde in den mehr als 2500 Jahren nur unwesentlich verändert. Im Gegensatz dazu wurde das Bild der Kassiopeia ganz unterschiedlich dargestellt. Unser Bild geht auf die ältesten und am wenigsten verfälschten Überlieferungen zurück.

Das Sternbild der Kassiopeia kann man am besten in den Herbstmonaten beobachten. Denn nur in der Zeit zwischen September und November sitzt sie richtig auf ihrem Thron, wenn man sie am Abendhimmel sieht, und nur in dieser Zeit sind auch die übrigen Sternbilder, die zum Drama um die Kassiopeia gehören, am besten zu beobachten. Ausgehend von der Kassiopeia sind es nämlich noch vier weitere Sternbilder, die untrennbar mit der dramatischen Geschichte der Kassiopeia verbunden sind:

König Kepheus, ihr Mann (–> Sternbild Nr. 14)
die schöne Andromeda, ihre Tochter (–> Sternbild Nr. 2)
ein Meeresungeheuer, das die Andromeda verschlingen will
(–> Sternbild Nr. 32)
Perseus, der das Meeresungeheuer tötet und die Andromeda befreit
(–> Sternbild Nr. 23)

In den Herbstmonaten ist es sehr eindrucksvoll, zu beobachten, wie erst dann, wenn alle beteiligten Personen in der entsprechenden Stellung am Himmel versammelt sind, das Meeresungeheuer (heute *Walfisch* genannt) langsam im Osten über dem Horizont auftaucht. Zuerst ist nur seine Schwanzspitze zu sehen und dann erst tauchen Kopf und Oberkörper des Ungeheuers, das die schöne Andromeda verschlingen will, auf. Denn folgendes war nach der alten Legende vorausgegangen:

Kassiopeia war die Frau des Königs Kepheus und die Königin in einem fernen Lande, das die alten Griechen Aithiopenland nannten. Sie war eine sehr schöne Frau, was auch in ihrem Namen zum Ausdruck kommt, der, in die deutsche Sprache übersetzt, »die durch ihren Anblick Glänzende« bedeutet. Man kann ihn aber auch mit »Prunkrednerin« oder »Prahlerin« übersetzen, und damit wird auf ihre Eitelkeit hingewiesen. Denn Kassiopeia war nicht nur schön, sondern auch eitel und eingebildet und verstieg sich eines Tages sogar zu der Behauptung, daß sie schöner sei, als alle Nereiden zusammen.

Um ermessen zu können, was diese Behauptung bedeutete, muß man wissen, wer die Nereiden waren. Sie waren in der griechischen Mythologie die Töchter des Nereus, des Gottes der sanften und ruhigen Meeresoberfläche, und der Nymphe Doris, einer der Töchter des Ozeans. Es ist oft von 50 Nereiden die Rede, aber in Wirklichkeit gab und gibt es ihrer soviele, wie es Töchter des Ozeans gibt. Sie sind die ständigen, segenspendenden Begleiterinnen der Meeresgöttin Thetis oder der Göttin Amphitrite und als solche haben wir sie schon kennengelernt, wie sie dem Theseus halfen (—> Sternbild *Nördliche Krone*).

Es ist verständlich, daß die Nereiden über diese Behauptung der Königin Kassiopeia erzürnt waren. Sie wandten sich an ihren Beschützer Poseidon, den Gott des Meeres, und klagten ihm ihr Leid durch die ihnen von Kassiopeia angetane Schmähung. Poseidon war den hübschen Meeresjungfrauen zugetan, zumal sie ja die Begleiterinnen seiner Gattin Amphitrite waren, und versprach ihnen, daß Kassiopeia für ihre Vermessenheit würde büßen müssen. Zuerst schickte er eine große Überschwemmung, die das Land der Königin Kassiopeia, das Aithiopenland, verheerend heimsuchte, und danach ein schreckliches Ungeheuer aus dem Atlantischen Meere, welches die Menschen und Herden vertilgte. Erst dann sollte das Land von dieser Plage befreit werden, wenn die schöne Tochter der hochmütigen Königin, die Jungfrau Andromeda, dem Meeresungeheuer als Beute preisgegeben werde.

So wurde es auch König Kepheus ausgerichtet, als dieser beim Orakel nachfragen ließ, warum die Plage über sein Volk gekommen sei und was sie tun müßten, um den Zorn des Meeresgottes zu besänftigen. Nun war aber Andromeda das einzige Kind, das nicht nur der Mutter, sondern auch dem Vater so sehr ans Herz gewachsen war, daß er die grausame Bedingung des Orakels nicht glauben und nicht erfüllen wollte. Als aber das Meeresungeheuer immer weiter wütete und immer mehr Menschen aus dem Volk fraß, bestürmte das Volk, das durch die Boten von dem Orakelspruch wußte, den König Kepheus so sehr, daß er ihrem Drängen nachgeben mußte. Mit schwerem Herzen ließ er seine Tochter Andromeda mit beiden Armen an eine Felsenklippe am Meer festschmieden, damit sie dem Ungeheuer nicht davonlaufen könne. Dort sollte die unschuldige Jungfrau das Tier erwarten, das sie fressen würde. Ihre Mutter Kassiopeia saß indessen auf ihrem Thron und flehte zu den Göttern um Hilfe, wie wir auf ihrem Sternbild sehen können. Daß ihr Flehen den Retter herbeirief, der in letzter Minute die verloren geglaubte Tochter Andromeda doch noch rettete, erfahren wir beim Sternbild *Perseus*.

Okt.	1. 24^{00} Uhr	Nov.	1. 22^{00} Uhr	Dez.	1. 20^{00} Uhr
	15. 23^{00} Uhr		15. 21^{00} Uhr		15. 19^{00} Uhr

Alle Sterne der Kassiopeia gehören zu den Zirkumpolarsternen, die sich ständig um den nördlichen Himmelspol drehen und immer über dem Horizont befinden. Das charakteristische W, das die hellsten Sterne bilden, ist leicht zu finden. Im September sehen wir die Kassiopeia im Nordosten, hoch über dem Horizont, von wo aus sie zum Zenit aufsteigt, den sie im November fast erreicht (→ Bild), jeweils am Abendhimmel um 21^{00} Uhr, bei Sommerzeit um 22^{00} Uhr.

Die Namen der Sterne bedeuten:

Caph (arabisch)   = abgeleitet von al-kaff al-hadib »die gefärbte Hand«
Rucha (arabisch)   = abgeleitet von rukbat dat al-kursi »Knie der Frau auf dem Thron«
Schedir (arabisch) = abgeleitet von ala s-sadr »der auf der Brust«

Sterngrößen:

0	1	2	3	4	5
und heller					und schwäch

Sirrah

Mirach

Alamak

ANDROMEDA

Andromeda

Als Perseus die Gorgone Medusa getötet hatte (–> Sternbild *Perseus*) und mit Hilfe seiner Flügelschuhe über Meere und Länder flog, kam er auch über ein fernes Land, wo etwas Ungewöhnliches geschehen sein mußte. Denn er erblickte am Ufer des Meeres ein wunderschönes Mädchen, das mit beiden Armen fest an einen Felsen geschmiedet war. Da steckte er das versteinernde Haupt der Medusa in die Tasche, die ihm die Nymphen zu diesem Zweck geschenkt hatten, und näherte sich dem Mädchen. Er hätte sie für eine liegende Statue aus Marmor gehalten, wenn nicht ein leichter Wind ihre Haare bewegt hätte, und wenn er nicht Tränen auf ihrem Antlitz gesehen hätte, welche die Wangen herunterrollten.

Nichtsahnend entbrannte er in Liebe, ergriffen vom Bilde der herrlichen Schönheit der Jungfrau. Fast hätte er vergessen, seine Federn in der Luft zu rühren. Verweilend spricht er sie an: »Oh du, du verdientest nicht solcherlei Ketten, sondern ganz andere, wie sie um sehnend Verliebte sich schlingen. Sage mir an den Namen deines Landes und den deinen und weshalb du gefesselt bist; ich möchte das wissen.«

Zuerst schwieg sie. Die Jungfrau wagte es nicht, zum fremden Manne zu sprechen. Gern hätte sie ihr züchtiges Antlitz mit den Händen verhüllt, doch die Arme waren ihr gebunden. Aber die Augen füllten sich ihr mit Tränen, das konnten sie. Immer heftiger werdend drängte Perseus sie. Um nicht den Anschein zu erwecken, als müsse sie eine Schuld verschweigen, begann jetzt die Jungfrau zu sprechen: »Ich bin Andromeda, die Tochter des Königs Kepheus vom Aithiopenland. Es ist nicht meine eigene Schuld, warum ich hier an den Felsen geschmiedet bin, sondern die meiner Mutter Kassiopeia, welche die Nereiden beleidigt hat (–> Sternbild *Kassiopeia)*. Einem riesigen Meeresungeheuer, das zur Strafe unser Land verwüstet und viele Menschen getötet hat, soll ich als Opfer dargebracht werden, um die Götter wieder zu versöhnen. So wollte es das Volk, und es hat meinen Vater dazu gezwungen, mich an den Felsen schmieden zu lassen. Jetzt ist die Zeit nahe herangekommen, zu der das Ungeheuer kommen wird.«

So sprach das Mädchen mit schluchzender Stimme und Tränen in den Augen zu Perseus, der in tiefster Seele von dem Schicksal der Jungfrau ergriffen war. »Niemals wirst du diesen schmachvollen Tod erleiden müssen,« rief er Andromeda zu, »ich werde dich retten, wenn du die Meine werden willst!« Schamvoll die Augen schließend und gleichzeitig von einem ungeahnten Glücksgefühl durchströmt, konnte Andromeda nur durch Nicken ihr Ja-Wort geben, während die Scham ihr Antlitz errötete. Mehr brauchte Perseus nicht zu wissen. Er schwang sich mit seinen

Flügelschuhen in die Lüfte und eilte auf kürzestem Wege zu den Eltern des Mädchens, zu König Kepheus und seiner Frau Kassiopeia. Er fand sie so, wie wir sie noch heute in den Sternbildern sehen, hilflos die Arme gen Himmel erhoben und zu den Göttern um die Abwendung des schrecklichen Unheils flehend.

Kassiopeia saß auf ihrem Thron und König Kepheus stand daneben, als der fremde Jüngling durch die Lüfte zu ihnen kam und sie ansprach: »Für eure Tränen werdet ihr später noch genügend Zeit haben, doch für die Hilfe ist die Zeit kurz bemessen. Ich bin Perseus, ein Sohn des Zeus und jener Mutter, welche der Gott im Gefängnis mit goldenem Samen begnadete. Wenn ihr nur wollt werde ich das Meeresungeheuer genauso besiegen und töten, wie ich vor ihm die schlangenbehaarte Gorgone Medusa getötet habe. Doch eines müßt ihr mir versprechen: Wenn mein Mut das Untier bezwingt und ich so eure Tochter vom sicheren Tode befreien kann, dann sollt ihr sie mir zum Weibe geben.«

Wie konnten die trostlosen Eltern da zögern und schwanken, zumal sie in dem schönen Jüngling, der durch die Lüfte zu ihnen gekommen war, einen Boten der Götter erblickten, der ihnen als Antwort auf ihr Flehen geschickt war. Sie versprachen ihm alles, was er wollte, und noch mehr. Er sollte nicht nur ihre Tochter Andromeda zur Frau bekommen, sondern dazu die Herrschaft über das Königreich des Kepheus. So gelobten es beide.

Durch dieses Gelöbnis gestärkt, schwang sich Perseus mit Hilfe seiner Flügelschuhe in die Lüfte und flog auf dem schnellsten Wege zu seiner ihm jetzt von den Eltern anvertrauten Braut zurück. Er kam gerade noch zur rechten Zeit wieder bei ihr an, denn schon nahte vom Horizont her das große Meeresungeheuer, das sich seine Beute holen wollte. Laut schnaubend und aus seinem gewaltigen Rachen Feuer speiend, durchfurchte es mit seinem großen Leib die Wogen des Meeres. Perseus sprach der am Felsen hilflos angeschmiedeten Jungfrau Mut zu, blickte sie noch einmal liebevoll an und bereitete sich auf den großen Kampf mit dem Ungeheuer vor.

Wie dieser Kampf begann und wie er dann ausging, erfahren wir beim Sternbild *Walfisch,* denn so heißt das Sternbild heute.

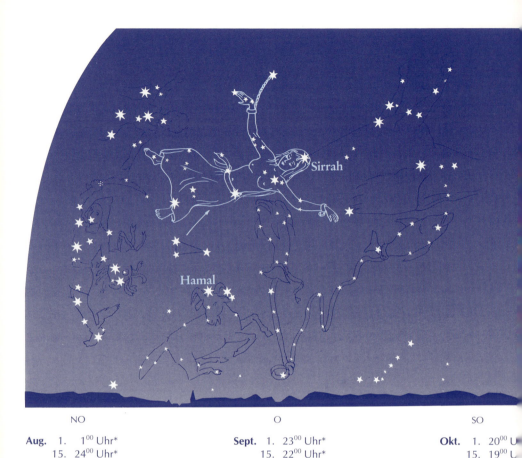

NO	O	SO

Aug. 1. 1⁰⁰ Uhr*   **Sept.** 1. 23⁰⁰ Uhr*   **Okt.** 1. 20⁰⁰ U
       15. 24⁰⁰ Uhr*   15. 22⁰⁰ Uhr*   15. 19⁰⁰ U
       * Sommerzeit

Das Sternbild Andromeda steigt im Juni bis August im Nordosten auf, ist im September im Osten zu finden (⟶ Bi
und steigt im Oktober im Nordosten weiter auf, bis es im November fast im Zenit steht, jeweils am Abendhimm
um 21⁰⁰ Uhr, bei Sommerzeit um 22⁰⁰ Uhr.

Die Namen der Sterne bedeuten:

Alamak (arabisch) = vermutlich abgeleitet von al-anaq   Sirrah (arabisch) = abgeleitet von surrat al-faras
                         »der Wüstenluchs«   »Nabel des Pferdes«
                         (altarabischer Name)   (mit Pegasus gemeinsamer St
Mirach (arabisch) = abgeleitet von mi'zar »Schurz«

Sterngrößen:

   0   1   2   3   4   5
und heller   und schwäc

Miram

Algenib

Misam

Algol

Atiks

Menkhib

PERSEUS

Perseus

Akrisios, der Herrscher von Argos in Griechenland, war unglücklich. Er hatte eine Tochter, die schöne Danaë genannt, aber keinen Sohn, dem er dereinst seinen Herrscherstuhl übergeben könnte. Da schickte er Boten zum Orakel von Delphi, die ihm eine schlimme Nachricht überbrachten: Danaë würde einen Sohn bekommen, dieser aber später seinen Großvater töten. Das versetzte Akrisios in Angst. Um das Schreckliche zu verhindern, ließ er seine Tochter in ein ehernes, unterirdisches Gelaß sperren, und dort lebte sie wie eine Gefangene.

Akrisios mußte erfahren, daß der Mensch gegen die Schicksalsbeschlüsse der Götter nichts ausrichten kann. Zeus selbst hatte die schöne Danaë zur Mutter eines großen Helden bestimmt. Er verwandelte sich in Sonnengold, das sich als goldener Regen in Danaës Schoß ergoß, und vereinigte sich so mit ihr. Das Kind aus dieser Verbindung, das in dem unterirdischen Gemach geboren wurde, war Perseus.

Eines Tages hörte Akrisios das Geschrei des kleinen Perseus. Er ließ seine Tochter zu sich bringen und versuchte herauszufinden, wer der Vater des Kindes sei. Die Geschichte mit dem Goldregen glaubte er ihr nicht, wollte ihr aber auch nichts antun. Aus Angst vor der Erfüllung des Orakels ließ er Danaë und den kleinen Perseus in einen Kasten sperren und im Meer aussetzen.

Bei Seriphos, einer kleinen Insel im Ägäischen Meer, trieben die beschützenden Nereiden den Kasten in die Netze des Fischers Diktys. Er zog den schweren Kasten aus dem Meer und öffnete ihn. Als ein gottergebener Mann nahm er Mutter und Kind bei sich auf und sorgte von nun ab für beide mit.

Perseus wuchs bei dem armen Fischer zu einem stattlichen Jüngling heran. Der Bruder des Fischers, Polydektes, war Herrscher der Insel. Er begehrte die noch immer schöne Danaë zum Weibe. Sie wollte das aber nicht. Deshalb trachtete er Perseus, der ihr Beschützer war, nach dem Leben. Die Hochzeit der Tochter des Königs Oinomaos, Hippodameia (—> Sternbild *Fuhrmann*), war Polydektes ein willkommener Anlaß, Perseus vor eine solch große Aufgabe zu stellen, die ihn das Leben kosten würde: Er sollte der Gorgone Medusa das Haupt abschlagen und ihm bringen. Diese Herausforderung nahm der mutige Perseus gerne an.

Die Gorgonen waren schreckliche Ungeheuer. Sie wohnten im äußersten Westen, an den Enden der Erde, wo die Sonne untergeht und die Nacht mit ihren Töchtern haust, dort wo die Quellen des Okeanos sind. Es waren drei Schwestern: Stheno, Euryale und Medusa, das heißt »die Herrschende«. Alle drei waren schaurig anzusehen: Sie hatten tierische

Ohren, einen grinsenden Mund mit Hauern wie von Wildschweinen, Schlangen als Haare, eherne Fäuste zum Zupacken und goldene Flügel zum Fliegen. Jeder, der sie ansah, erstarrte und wurde zu Stein.

Ohne göttliche Hilfe hätte Perseus dieses Abenteuer nicht überstanden. Hermes und Athene aber begleiteten und beschützten ihn. Sie führten ihn zu den Nymphen, welche ihm den Helm des Hades schenkten, der seinen Träger unsichtbar macht, eine Tasche, um darin das Haupt der Medusa bergen zu können, und Flügelschuhe, mit denen er durch die Lüfte fliegen konnte.

Perseus schnallte sich die Schuhe an und setzte den Helm auf. Mit diesem auf dem Kopf konnte er jetzt sehen, wen er wollte, während er selbst von keinem anderen gesehen wurde. Hermes schenkte ihm noch ein gezahntes Sichelschwert, eine Harpe.

Mit diesen Göttergeschenken ausgerüstet, flog der Held zu den Enden der Erde. Er traf die Gorgonen schlafend am Okeanos an, durfte sie jedoch nicht anblicken, weil ihr Anblick auch ihn sofort versteinert hätte. Und so blickte er in seinen ehernen Schild, in dem er das Bild der Gorgonen sah, und trat mit abgewandtem Gesicht an die Schlafenden heran. Wie sollte er aber Medusa herausfinden? Denn nur sie war sterblich, ihre Schwestern aber unsterblich. Athene half ihm. Sie führte unsichtbar seine Hand und Perseus schnitt der schrecklichen Medusa das Haupt ab.

Medusa aber war schwanger von Poseidon, und im Augenblick ihres Todes sprangen aus ihrem Blut das geflügelte Pferd Pegasus ($\Rightarrow$ Sternbild *Pegasus*) und der gewaltige Chrysaor hervor. Perseus faßte mit abgewandtem Gesicht mutig das versteinernde Haupt der Medusa an den Schlangenhaaren und schwang sich mit Hilfe seiner Flügelschuhe in die Lüfte.

Da wachten die Schwestern der Medusa auf, fuhren von ihrem Lager hoch und verfolgten ihn. Er hatte jedoch seinen Tarnhelm auf, und sie konnten ihn nicht finden. Perseus entkam der Gefahr.

Mit dem Haupt der Medusa in der Hand, flog Perseus über Meere und Länder. Als er über Libyen war, fielen Tropfen vom Blute der Medusa auf die Erde, und daraus sollen die vielen giftigen Schlangen, die in der Libyschen Wüste zu Hause sind, entstanden sein.

Perseus flog mit dem Haupt der Medusa in der Hand, wie wir ihn in dem Sternbild sehen, weiter, bis er nach dem Aithiopenlande kam. Dort erblickte er am Ufer des Meeres eine schöne Jungfrau an den Felsen geschmiedet. Warum sie dort angeschmiedet war, und wie Perseus sie und ihr Land von einem schrecklichen Meeresungeheuer befreit, erfahren wir beim Sternbild *Andromeda*.

Sirrah

Algol

Hamal

Capella

Mira

Aldebaran

NO	O	SO

Sept. 1. 1^{00} Uhr*   **Okt.** 1. 22^{00} Uhr   **Nov.** 1. 20^{00} U
     15. 24^{00} Uhr*   15. 21^{00} Uhr   15. 19^{00} U
     * Sommerzeit

Die meisten Sterne des Sternbildes Perseus gehören zu den Zirkumpolarsternen, die sich ständig um den nör
lichen Himmelspol drehen und immer über dem Horizont befinden. Im September finden wir den Perseus i
Nordosten, im Oktober (→ Bild) und im November im Osten, hoch über dem Horizont, jeweils am Abendhimm
um 21^{00} Uhr, bei Sommerzeit um 22^{00} Uhr.

Die Namen der Sterne bedeuten:

Algenib (arabisch) = abgeleitet von al-ganb »die Seite«   Atiks (arabisch) = Bedeutung unklar
Algol (arabisch) = abgeleitet von ra's al-gul »Kopf der   Menkhib (arabisch) = Bedeutung unklar
               Gul«, eines bösartigen Dämons   Misam (arabisch) = Bedeutung unklar
               bei den Arabern

Sterngrößen:

✴	✷	✷	✶	★	⭑
0	1	2	3	4	5
und heller					und schwäch

Menkar

Kaffaljidhma

Mira

Baten Kaitos

Deneb Kaitos

WALFISCH

Walfisch

Dieses Sternbild, das im Deutschen *Walfisch* genannt wird, hieß früher *Ketos,* das heißt »Meeresungeheuer«, und in der Mythologie wird es als solches dargestellt. Poseidon, der Gott der Meere, schickte es dem Volk der Aithiopen zur Strafe, weil dessen Königin Kassiopeia die Nereiden gekränkt hatte (—> Sternbild *Kassiopeia).* Die beleidigten Nereiden wandten sich an ihren Beschützer Poseidon, und dieser ließ aus dem Atlantischen Meere Ketos kommen, ein schreckliches Meeresungeheuer. Die Länder des Aithiopenlandes wurden von ihm verwüstet und Menschen und Herden einfach gefressen. Ein Orakelspruch hatte König Kepheus verkündet, daß die Plage erst aufhören würde, wenn er seine Tochter Andromeda dem Ungeheuer opfern würde. Kepheus sträubte sich lange dagegen, aber sein Volk, das unter Ketos litt, zwang ihn schließlich dazu, sein einziges Kind an eine Felsenklippe am Meer schmieden zu lassen. Dort wartete das Mädchen weinend auf das Erscheinen des Ungeheuers und seinen sicheren Tod.

Perseus, der die Gorgone Medusa getötet hatte und mit seinen Flügel-schuhen über das Land flog, sah dies und verliebte sich in die schöne Jungfrau (—> Sternbild *Perseus).* Er erbot sich, sie vor dem Untier zu er-retten, wenn sie die Seine werden würde (—> Sternbild *Andromeda).* Als Andromeda ihm ihre Zustimmung gegeben hatte und auch ihre Eltern ein-willigten, kam Perseus mit Hilfe seiner Flügelschuhe so schnell wie möglich zu seiner angelobten Braut zurückgeflogen, denn schon sah man das Ungeheuer nahen.

Gleich einem rüstigen Schiff, das, von den Armen schwitzender Burschen angetrieben, mit dem Schnabel am Buge das Wasser durch-furcht, nahte jetzt das Tier, mit dem Stoße der Brust die Wellen zerteilend. Es schnaubte laut und spie Feuer, wie wir es auf dem Sternbild noch sehen können. Mit aufgerichtetem Oberkörper, den Kopf hoch aus dem Wasser herausragend, bläht das Ungeheuer die Nüstern weit auf. Sein Kamm ist vor Wut rot geschwollen, und die gefährlich blickenden Augen versuchen die Jungfrau am Ufer zu erspähen. Jetzt hat es das Mädchen erkannt, schwimmt heran und ist nur noch einen Steinwurf weit von den Klippen entfernt.

Da aber stößt sich Perseus geschwind mit den Füßen vom Land ab und erhebt sich steil in die Lüfte, von seinen Flügelschuhen getragen. Als der Schatten des Jünglings auf dem Wasser erscheint, da stürzt die wilde Bestie gleich darauf los. Doch wie ein Adler, sobald er auf freiem Feld eine Schlange erblickt, die den bläulichen Rücken sich sonnt, sie von hinten befällt und in den schuppigen Nacken die gierigen Krallen hineinschlägt, damit sie das grausige Maul nicht wendet, so greift Perseus den Ketos jetzt an. In schnellem Sturzflug durch die Luft auf den Rücken des Untiers herunterstoßend, taucht er sein gezahntes Schwert bis zum Bügel in den Leib des Tieres. Schwer verwundet erhebt sich das Ungeheuer bald hoch aus dem Wasser, bald verschwindet es darin. Dann dreht es sich wieder, dem wilden Eber vergleichbar, den die Meute der Hunde bellend umtobt. Doch mit seinen Flügelschuhen entgeht Perseus geschwind seinen gierigen Bissen. Aber wo sich die Gelegenheit bietet, da schneidet er ihm mit dem Schwert bald in den Rücken, welcher mit Schuppen und hohlen Muscheln besät ist, bald in die Rippen und bald in den Schwanz, wo der Leib sich in der Art eines Fisches verdünnt.

Fluten von Wasser, vermengt mit rotem Blute, entsteigen dem Rachen der Bestie. Dabei werden die Flügelschuhe des Helden beschwert, und er wagt es nicht mehr, sich den vollgesogenen Schwingen anzuvertrauen. In diesem Augenblick erkennt er eine Klippe. Wenn die Wasser ruhen, ragt sie mit der Spitze hervor, doch jetzt verdecken die Wogen sie. Hier läßt er sich nieder, umfaßt mit der linken eine Zacke und bohrt, fest an den Felsen gestemmt, sein Schwert drei-, viermal dem Tier durch die Weichen. Der sterbende Ketos versinkt in den Wellen.

Als das Ungeheuer besiegt war, eilten die Menschen herbei, die den Kampf aus sicherer Entfernung vom Ufer aus beobachtet hatten, und begrüßten den Sieger mit lautem Beifall. Auch König Kepheus und seine Frau Kassiopeia eilten herbei und begrüßten den Helden freudig als Retter des Volkes und als Eidam.

Perseus jedoch befreite zunächst die glückliche Jungfrau von ihren Fesseln, die er mit seinem Schwert einfach durchschlug, bevor er die Spuren des Kampfes abwusch und den Göttern ein Dankopfer darbrachte: Ein Rind seiner Beschützerin Athene, ein Kalb dem beflügelten Freunde Hermes und einen Stier dem Vater Zeus.

Die Vermählung von Perseus und Andromeda wurde vorbereitet und gefeiert, als das Unglück begann. Wie die Legende von Perseus, Andromeda, Kepheus und Kassiopeia dann ausgeht, erfahren wir beim Sternbild *Kepheus*.

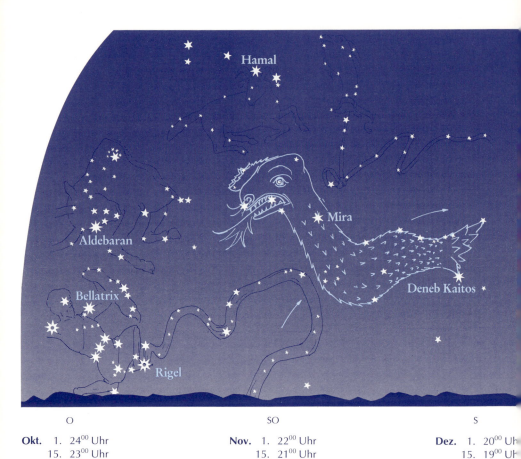

O	SO	S
Okt. 1. 24⁰⁰ Uhr	**Nov.** 1. 22⁰⁰ Uhr	**Dez.** 1. 20⁰⁰ Uh
15. 23⁰⁰ Uhr	15. 21⁰⁰ Uhr	15. 19⁰⁰ Uh

Das Sternbild Walfisch steigt im September/Oktober im Südosten auf, steht im November zwischen Südosten un
Süden (—> Bild), erreicht im Dezember im Süden seine höchste Stellung über dem Horizont, steht im Januar ir
Südosten und taucht im Februar zwischen Südwesten und Westen wieder unter den Horizont.

Die Namen der Sterne bedeuten:

Baten Kaitos (arabisch) = Bedeutung unklar
Deneb Kaitos (arabisch) = abgeleitet von danab qaytus
»Schwanz des Ketos«
Menkar (arabisch) = abgeleitet von minhar »Nase«

Mira (lateinisch) = Wunderstern (weil seine
Helligkeit in einer Periode v
331 Tagen sehr stark
schwankt)

Sterngrößen:

0	1	2	3	4	5
und heller					und schwäch

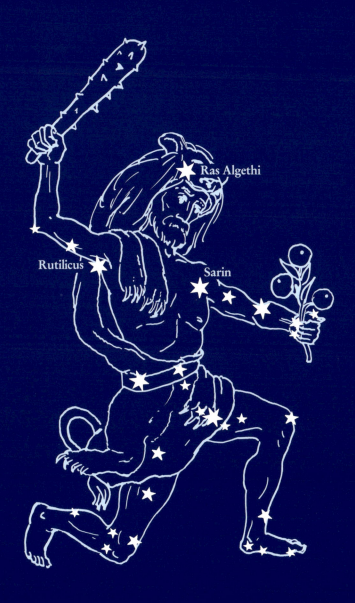

Ras Algethi

Rutilicus

Sarin

HERKULES

Herkules

Das Sternbild *Herkules* zeichnet sich vor allen Sternbildern dadurch aus, daß sich unsere Sonne mit der Erde und den übrigen Planeten in einer unvorstellbaren Geschwindigkeit auf seine Sterne zu bewegt. Es hat keine sehr hellen Sterne und doch war es für die alten Griechen ein besonders beachtetes Sternbild. Sie nannten es nur *Engonasin,* das heißt *der in die Knie Gesunkene.* In dem Bilde eines knieenden Mannes, das sich aus der Sternkonfiguration ergibt, sahen sie eine ganze Reihe ihrer berühmten Helden, vor allen anderen aber ihren größten Heros Herakles, den die Römer Hercules nannten.

Herakles bedeutet »Heraberühmter«, denn durch Hera wurde dieser Held berühmt. Wie das geschah, berichten uns zahlreiche antike Schriftsteller.

Zeus wollte einen gewaltigen Helden zeugen, der für ihn auf der Erde das Böse bekämpfen sollte. Er hatte dafür Alkmene auserwählt, die Tochter des Hochkönigs von Mykene aus dem Geschlecht des Perseus, welche er in der Gestalt ihres Gatten Amphitrion während dessen Abwesenheit besuchte. Vor den übrigen Göttern rühmte er sich, daß ihm ein Sohn geboren werde, welcher über ganz Mykene herrschen würde.

Hera, seine Gemahlin, war auf die sterbliche Nebenbuhlerin eifersüchtig. Sie ließ Zeus schwören, daß der nächstgeborene Perseussproß dieser Herrscher sein sollte. Dann verzögerte sie die Geburt von Alkmenes Kind und ließ Eurystheus, einen Enkel des Perseus, vorzeitig als Siebenmonatskind vor ihm zur Welt kommen. Damit war dieser zum Herrscher vorbestimmt.

Als Alkmenes Kind, der spätere Herakles, geboren wurde, schickte Hera zwei Schlangen, die es in der Wiege töten sollten. Der kleine Herakles aber ergriff und erwürgte sie. Als Knabe wurde er dem weisen Chiron (–> Sternbild *Zentaur)* zur Erziehung übergeben. In dieser Zeit war es, daß Zeus ihn durch Hermes wegholen und heimlich der schlafenden Hera an die Brust legen ließ, damit er durch ihre göttliche Milch die Unsterblichkeit erlangen sollte. Der kleine Herakles sog aber so stark, daß Hera erwachte und ihn von sich stieß. Dabei verspritzte soviel Göttermilch über den Himmel, daß davon die Milchstraße entstand, wie einige glauben. Einige Tropfen fielen auf die Erde und wurden zu Lilien.

Schon als Knabe war Herakles sehr stark. In den kriegerischen Künsten wurde er von den tüchtigsten Helden Griechenlands erzogen, die er bald an Kraft und Mut überflügelte. Schon sein Äußeres zeigte, daß er ein Sohn des Zeus war, denn er war riesengroß, bärenstark und seine Augen blitzten, als ob ein Feuerstrahl aus ihnen hervorgehen würde. Sein Pfeil und seine

Wurfgeschosse verfehlten nie ihr Ziel. Auch am Argonautenzug nach Kolchis nahm er teil (—> Sternbild *Schiff Argo*).

Die übermenschlichen Kräfte des Herakles kamen jedoch erst dann zur Erscheinung, als er durch einen Orakelspruch genötigt wurde, dem König Eurystheus, der durch Hera statt seiner zum Herrscher von Mykene geworden war, zu dienen und zehn von Eurystheus festgelegte Arbeiten zu verrichten. Danach sollte er die Unsterblichkeit erlangen. Diese zehn Taten, die ihn schon zu Lebzeiten berühmt machten, waren:

1. Er erwürgte den **Nemeischen Löwen** (—> Sternbild *Löwe*) und
2. erschlug die **Lernäische Hydra** (—>Sternbild *Hydra*).
3. Den **Erymantischen Eber,** ein wildes Tier, das vom Gebirge Erymanthos aus sein Unwesen trieb, und
4. die **Kerynitische Hirschkuh,** ein der Artemis heiliges Tier mit goldenem Geweih, brachte er lebend vor den König Eurystheus.
5. Er erlegte mit seinen Pfeilen die **Stymphalischen Vögel,** die im Sumpf von Stymphalos nisteten und ihre Federn als Wurfgeschosse gebrauchten, und
6. säuberte den **Rinderstall des Königs Augias** an einem Tage, indem er einen Fluß einleitete und den ganzen Mist fortspülen ließ.
7. Den **Kretischen Stier** und
8. die **Thrakischen Rosse,** Stuten des Thrakers Diomedes, die sich von Menschenfleisch nährten, brachte er nach Mykene.
9. Der **Amazonen-Königin** Hippolyte raubte er ihren kostbaren Gürtel, ein Geschenk des Kriegsgottes, und brachte ihn zu König Eurystheus.
10. Er schaffte die **Rinder des Geryones,** eines dreileibigen Riesen, herbei.

Diese zehn Taten hatte Herakles im Laufe von 8 Jahren und 1 Monat ausgeführt. König Eurystheus aber erkannte die zweite und sechste nicht an, weil sie mit fremder Hilfe ausgeführt wurden, und übertrug ihm zwei weitere:

11. Den **Höllenhund Kerberos,** den Sohn des Typhon, holte er aus der Unterwelt und brachte ihn vor die Augen des Königs.
12. Er holte die goldenen **Äpfel der Hesperiden** (—> Sternbild *Drache*).

Das Sternbild zeigt Herakles nach vollbrachter zwölfter Tat. In der linken Hand trägt er die Äpfel der Hesperiden, in der rechten seine Keule und hat als Sieger seinen Fuß auf den Kopf des Drachen gestellt. Er kniet mit dem rechten Bein, was seine Erschöpfung oder auch seinen Respekt vor diesem unsterblichen Wesen zeigt, und trägt das unverwundbare Fell des Nemeischen Löwen, dessen Kopf er als schützenden Helm auf dem Haupt hat.

	W	NW	N
Sept.	1. 1^{00} Uhr*	**Okt.** 1. 22^{00} Uhr	**Nov.** 1. 20^{00} L
	15. 24^{00} Uhr*	15. 21^{00} Uhr	15. 19^{00} L
	* Sommerzeit		

Das Sternbild Herkules gehört nicht mehr zu den Zirkumpolarsternen, dreht sich aber wie diese um den nördlich Himmelspol. Im September finden wir es höher im Westen, im Oktober zwischen Westen und Nordwest (→ Bild) und im November im Nordwesten, nahe über dem Horizont, jeweils am Abendhimmel um 21^{00} U bei Sommerzeit um 22^{00} Uhr.

Die Namen der Sterne bedeuten:

Ras Algethi (arabisch) = abgeleitet von ra's al-gati »Kopf des Knieenden«
Rutilicus (lateinisch) = der Rötliche

Sterngrößen:

0	1	2	3	4	5
und heller					und schwäc

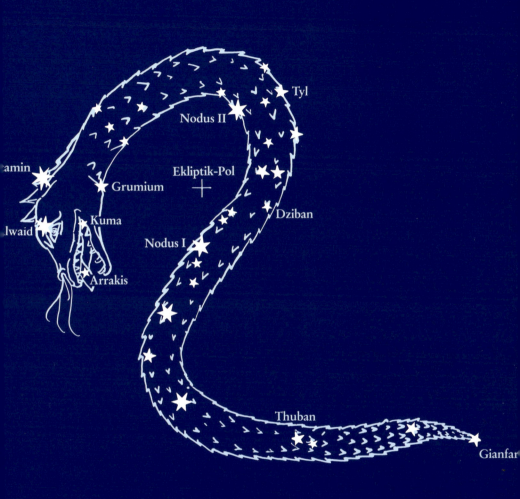

Tyl

Nodus II

Ekliptik-Pol
+

amin

Grumium

Dziban

Kuma

Nodus I

lwaid

Arrakis

Thuban

Gianfar

DRACHE

Drache

Dieses Sternbild, das wir *Drache* nennen, war den Menschen seit Urzeiten bekannt. Die zu ihm gehörigen Sterne »schlängeln« sich in charakteristischer und unverkennbarer Weise zwischen den beiden Bärinnen hindurch. Frühe griechische Astronomen nannten das Bild deshalb auch »Die Schlange zwischen den Bärinnen«. Später wurde es lateinisch einfach *serpens,* das heißt *Schlange,* genannt.

Der Himmelsdrache zeichnet sich vor allen übrigen Sternbildern dadurch aus, daß er den Ekliptikpol, den Punkt am Himmel, um den sich der nördliche Himmelspol im Platonischen Weltenjahr dreht (–> Sternbild *Kleiner Bär),* wie bewachend umgibt. Vielleicht war dies der Grund, warum die alten Griechen in dem Himmelsdrachen eine Verkörperungsform ihres höchsten Gottes Zeus sahen (–> Sternbild *Kleiner Bär).*

Eine andere Legende der alten Griechen bringt den Himmelsdrachen in Zusammenhang mit ihrem Sonnengott Apollon:

Im heiligen Bezirk von Delphi, der alten Mysterienstätte, war schon seit Urzeiten eine Höhlung in der Erde, aus der ein betäubender Dampf aufstieg. Wer sich dem Erdspalt näherte, wurde von dem Dampf betäubt und kam in einen Trancezustand, in dem er höchste Wahrheiten aussprechen und prophetische Weissagungen machen konnte. In den ältesten Zeiten war es Gaia, die Erde selbst, welche auf diese Weise ihre Orakelsprüche gab. Zur Zeit des Deukalion war es die Göttin Themis, eine Tochter des Himmels und der Erde, welche fragenden Menschen ihr zukünftiges Schicksal in orakelhafter Form offenbarte (–> Sternbild *Wassermann).*

Ein von der Erde geborenes Ungetüm, ein riesiger Drache, den die Menschen Python nannten, bewachte das Heiligtum der Themis. Vom Gebirge in die fruchtbare Ebene herabkommend, verheerte Python die Felder, verjagte die Nymphen, würgte Menschen und Vieh, schlürfte die Bäche aus und umkreiste die Berge ringsherum in furchtbaren Windungen.

Als die Titanin Leto auf der Insel Delos Apollon, einen Sohn des Zeus, geboren hatte, verlangte dieser schon nach 4 Tagen Bogen und Pfeile. Er begab sich zum Parnaß und erlegte mit seinen Pfeilen die Drachenschlange Python. An der gleichen Orakelstätte, die Python bewacht hatte, errichtete Apollon später sein berühmtes Orakel von Delphi (–> Sternbild *Delphin).* Die Priesterin, welche die ihr von dem Gott geoffenbarten Orakelsprüche verkündete, wurde nach dem getöteten Drachen Pythia genannt. Den Drachen aber, dessen Andenken auf Erden außerdem in den von Apollon gestifteten Pythischen Spielen weiterlebte, versetzten die Götter an den Himmel, wo er seither den Ekliptikpol bewacht.

Auch andere Drachen der griechischen Mythologie wurden in diesem Sternbild gesehen. Es war vor allem der Drache Ladon, der Bewacher der Hesperidenäpfel, welcher die Gemüter der alten Griechen beschäftigte. Er wurde entweder *Ladon* genannt, was auf Deutsch etwa »der den himmlischen Bezirk von dem irdischen sondert« bedeutet, oder *Hesperidenschlange*. Darüber berichten die antiken Schriftsteller folgendes:

Am äußersten Rande der Erde, dort, wo der Titan Atlas stehend den Himmel mit Kopf und Händen trägt, steht ein Apfelbaum mit goldenen Früchten. Diesen Baum hatte die Mutter Erde Zeus und Hera zu ihrer Vermählung geschenkt. Hera freute sich über dieses Geschenk als Symbol ewiger Jugend, Liebe und Fruchtbarkeit sehr und pflanzte den Baum in den Göttergarten »jenseits des Okeanos«. Dort wohnten die »westlichen Nymphen«, die hellstimmigen Töchter des Atlas und der Hesperis, die den Göttergarten pflegten. Als Hera aber eines Tages merkte, daß die Hesperiden von dem Baum mit den goldenen Äpfeln naschten, setzte sie die Drachenschlange Ladon zur Bewachung des Baumes ein. Ladon, der riesengroß war, ringelte sich an dem Baum hinauf und schlief nie. Er hatte 100 Köpfe, mit denen er alle möglichen, ganz unterschiedlichen Stimmen von sich geben konnte, und war unsterblich. Seither wagte es niemand mehr, die goldenen Äpfel anzutasten.

König Eurystheus wußte, wie schwierig es war, diese Äpfel zu bekommen. Gerade deshalb trug er Herakles (→ Sternbild *Herkules)* als 12. Arbeit auf, ihm die Äpfel der Hesperiden zu bringen. Der Held scheute auch davor nicht zurück, obwohl er zunächst gar nicht wußte, in welcher Richtung er den Garten der Hesperiden suchen sollte. Voller Mut machte er sich auf den Weg, wobei er mancherlei Prüfungen bestehen mußte. Aber es wurde ihm auch immer wieder geholfen. Am Kaukasus erlegte er den Adler, der seit 30 Jahren an der Leber des Prometheus fraß (→ Sternbild *Adler)*.

Nach vielen überstandenen Gefahren kam Herakles zum göttlichen Garten. Mit Hilfe der Hesperiden gelang es ihm, den Drachen einzuschläfern und drei goldene Äpfel zu pflücken. Diesen Augenblick sehen wir am Himmel verstirnt: Herakles, der in seiner linken Hand die Äpfel der Hesperiden trägt, steht mit seinem linken Fuß über dem Kopf des Drachen und zeigt durch diese Siegergebärde, daß er ihn bezwungen hat.

Herakles brachte die goldenen Äpfel dem Eurystheus. Dieser gab sie ihm zurück, und Herakles schenkte sie Athene, die sie den Hesperiden zurückgab. Denn es wäre ein Verstoß gegen göttliches Gesetz gewesen, das aus dem Göttergarten gestohlene Eigentum der Hera zu behalten.

W	NW	N
Sept. 1. 1^{00} Uhr*	**Okt.** 1. 22^{00} Uhr	**Nov.** 1. 20^{00} U
15. 24^{00} Uhr*	15. 21^{00} Uhr	15. 19^{00} U
* Sommerzeit		

Das Sternbild Drache gehört zu den Zirkumpolarsternen, die sich ständig um den nördlichen Himmelspol dreh
und bei uns immer über dem Horizont stehen. Unser Bild zeigt seine Stellung Mitte Oktober um 21^{00} Uhr.

Die Namen der Sterne bedeuten:

Alwaid (arabisch) = Bedeutung unklar
Arrakis (arabisch) = Bedeutung unklar
Etamin (arabisch) = abgeleitet von ra's at-tinnin
»Kopf des Drachen«

Gianfar (arabisch) = Bedeutung unklar
Thuban (arabisch) = Bedeutung unklar

Sterngrößen:

0	1	2	3	4	5
und heller					und schwäc

WINTER-STERNBILDER

Metallah

Hamal

Sheratan

Mesarthim

WIDDER
UND
DREIECK

Widder

Dieser Widder hat einem Königssohn das Leben gerettet. Das geschah so:

Phrixos war der Sohn des Königs Athamas von Boiotien in Griechenland. Er und seine Schwester Helle hatten sehr unter ihrer Stiefmutter zu leiden, denn ihre richtige Mutter Nephele (auf deutsch: die Wolke) hatte sich in den Himmel zurückgezogen, als König Athamas ihr untreu wurde und Ino, die Tochter des Königs Kadmos, zur Frau nahm. Deren Haß gegen die ihr unerwünschten und ihren Zielen im Wege stehenden Stiefkinder steigerte sich dann, als sie von Athamas eigene Kinder bekam, so sehr, daß sie beide umbringen lassen wollte.

Um selbst dabei nicht in Erscheinung zu treten, ersann sie einen teuflischen Plan. Sie redete allen Frauen ein, daß man das Getreide vor der Aussaat dörren müsse. Als das Korn dann nicht aufging und eine Hungersnot drohte, riet sie dem König, das Orakel von Delphi um Rat zu fragen. Die Boten aber waren von Ino bestochen und brachten einen grausamen Spruch zurück: Um die Erde zu versöhnen, müssen Phrixos und Helle geopfert werden.

König Athamas, der seine erstgeborenen Kinder sehr liebte, weigerte sich, den unmenschlichen Spruch auszuführen. Da aber drang das von Ino aufgestachelte Volk so sehr in ihn, und die Hungersnot schien so unausweichlich, daß er wehen Herzens nachgeben mußte.

Mit verbundenen Augen wurden Phrixos und Helle vor den Altar geführt, an dem sie sterben sollten. In ihrer Not dachten sie an ihre Mutter Nephele. In diesem Augenblick sah Nephele, im Äther schwebend, die große Gefahr, in der ihre Kinder waren. Rasend vor Schmerz stürzte sie vom Himmel herunter, begleitet von Regengüssen. Eingehüllt in Nebelschleier konnte sie die Kinder vom Altar wegreißen und setzte sie auf einen Widder, dessen Fell aus purem Gold war, der fliegen und mit menschlicher Stimme sprechen konnte. Dieses Wundertier hatte ihr Hermes, der Götterbote und Gott der Herden, geschenkt.

Kaum saßen die Kinder auf dem Widder, als er sich auch schon in die Lüfte erhob und über Stadt und Land flog. Helle, die vorn saß, hielt sich mit beiden Händen an den Hörnern des Widders fest. Als sie jedoch über das Meer flogen, wurde Helle ängstlich. »Sieh doch nur, wie tief das große Wasser ist!« rief sie ihrem Bruder zu und zeigte mit der rechten Hand nach unten. Dabei verlor sie das Gleichgewicht, konnte sich mit der schwachen Linken nicht mehr halten, und stürzte ins Meer.

Phrixos, der helfend die Hände nach ihr ausstreckte, wäre beinahe mit abgestürzt. Da aber begann der Widder mit seiner menschlichen Stimme zu sprechen und redete ihm Mut zu. Weinend bedauerte Phrixos das traurige Los seiner Schwester, wußte er doch nicht, daß sie dem Meeresgott zur Ehe versprochen war. Die Griechen jedoch ahnten etwas davon, als sie den Teil des Meeres, in den Helle gestürzt ist, zur Erinnerung an sie »Hellespont« nannten. So heißt er bis heute.

Der Widder flog mit Phrixos weiter gen Morgen, über das ganze Schwarze Meer hin bis nach Kolchis am Kaukasus, an der Mündung des Flusses Phasis. Dort herrschte König Aietes, ein Sohn des Sonnengottes Helios. Von ihm erzählte man, daß er in einem goldenen Gemach die Strahlen der Sonne aufbewahren würde. Zu diesem König flog der Widder mit dem goldenen Fell. Phrixos wurde von König Aietes gastfreundlich aufgenommen.

Zum Dank für die wunderbare Errettung opferte Phrixos seinen Widder dem Zeus. Zuvor schlüpfte dieser aber aus seinem goldenen Fell und wurde von Zeus für alles, was er getan hatte, am Himmel verstirnt. Dort sehen wir ihn noch heute. Manche sagen, er habe nur deshalb so schwachleuchtende Sterne, weil er sein goldenes Fell in Kolchis zurückließ.

Dies goldene Fell schenkte Phrixos dem König Aietes, der es als kostbares Heiligtum an eine hohe Eiche im heiligen Hain des Ares hängen und von einem riesigen Drachen, der niemals schlief, bewachen ließ. Wie dies goldene Fell, das überall in der Welt als das Goldene Vlies bekannt war, von den Argonauten nach Griechenland zurückgebracht wurde, werden wir beim Sternbild *Schiff Argo* sehen.

Dreieck

Das *Dreieck* steht über dem *Widder* und zeigt an, wo mit dem *Widder* als erstem Sternbild die Reihe des bekannten Tierkreises beginnt. Deshalb, so sagten die alten Griechen, hat Zeus auch den Anfangsbuchstaben seines Namens »Dios«, das große griechische Delta (Δ) gerade hierhin an den Himmel gesetzt, um den Anfang der kosmischen Ordnung zu zeigen.

Wir merken uns die Reihenfolge der Tierkreisbilder am besten so:

Widder	– *Stier*	– Zwillinge,
Krebs	– *Löwe*	– Jungfrau,
Waage	– *Skorpion*	– Schütze,
Steinbock	– *Wassermann*	– Fische.

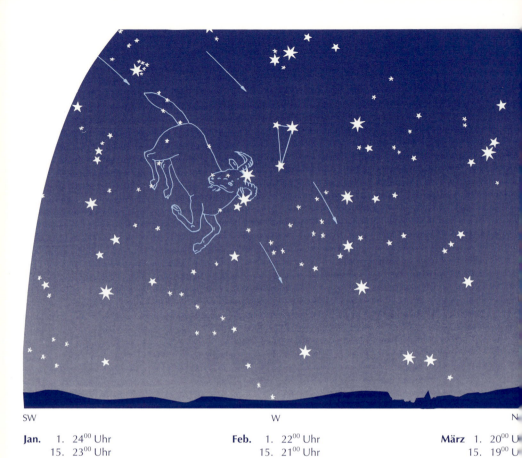

SW   W   N

Jan.   1. 24⁰⁰ Uhr   **Feb.**   1. 22⁰⁰ Uhr   **März** 1. 20⁰⁰ U
          15. 23⁰⁰ Uhr   15. 21⁰⁰ Uhr   15. 19⁰⁰ U

Im Dezember stehen Widder und Dreieck am Abendhimmel hoch im Süden. In den folgenden Monaten bewege
sie sich in absteigender Richtung nach Westen und sind ab März – April nicht mehr zu sehen.

Die Namen der Sterne bedeuten:

Hamal (arabisch)   = Der Widder
Mesarthim (hebräisch) = die Bediente des Widders

Sterngrößen:

  0   1   2   3   4   5
und heller   und schwäche

Nath

Aldebaran

Ain

Alcyone

HYADEN

PLEJADEN

STIER

Stier

Der *Stier* ist dasjenige Sternbild, das sich gegen Morgen an den *Widder* anschließt. Es ist somit das zweite Sternbild des Tierkreises. Sein hellster Stern, das Stierauge *Aldebaran*, leuchtet rötlich am nächtlichen Firmament. Dieser funkelnde, leuchtende Himmelskörper hat bei den Erdenbewohnern zu allen Zeiten ein Gefühl von Ehrfurcht und Scheu erweckt. Die alten Kulturen von Babylon, Ägypten und Kreta sahen im Stier ein göttliches Wesen, das Mut, Ausdauer und Stärke verkörperte. Dies kommt auch in der folgenden Legende zum Ausdruck.

Europa war die schöne Tochter des Königs Agenor von Phönizien. Eines Tages sah Zeus, der schon lange in sie verliebt war, wie sie mit ihren Gespielinnen am Strand des Meeres Blumen pflückte. Da nahm er die Gestalt eines weißen Stieres an und gesellte sich zu einer Herde des Königs, die in der Nähe weidete.

Europa sah den prächtigen Stier sofort, denn er übertraf alle übrigen an Schönheit und Größe. Seine Farbe war so weiß wie frisch gefallener Schnee. Die Muskeln am Nacken strotzten vor Kraft, seine Hörner waren wie Edelsteine und seine Augen offen und friedlich. Die Tochter Agenors staunte, wie er da so prächtig einherstolzierte und sich den Mädchen zutraulich näherte. Obwohl er sich zahm zeigte, scheute sie sich zunächst ihn zu streicheln. Bald nahte sie sich ihm jedoch und reichte ihm Blumen, wofür ihr der Verliebte zärtlich die Hände küßte. Spielerisch tänzelte er im grünenden Gras und legte dann den schneeigen Leib auf den gelblichen Sandstrand. Da schwand der Jungfrau allmählich die Furcht. Sie durfte ihm zärtlich die Brust beklopfen und die Hörner mit frischen Kränzen umflechten. Nun wagte sie es sogar, sich auf den Rücken des Stieres zu setzen.

Sachte erhob dieser sich und schritt langsam, wie spielerisch, zum Ufer des Meeres. Es erfreute die Jungfrau, wie er sie ins flache Wasser trug. Doch dann ging er immer tiefer hinein und entfernte sich vom Ufer. Angstvoll sah Europa das und rief die Gefährtinnen um Hilfe, aber da schwamm der Stier schon im tiefen Wasser.

Vorsichtig trug er die kostbare Beute auf seinem gewölbten Rücken über das Wasser, ohne daß dies ihre Füße netzte. Mit der rechten Hand umklammerte sie ein Horn, die linke ruhte auf dem Rücken des Tieres. Ihr Gewand flatterte im Winde und bauschte sich auf wie ein Segel. Bebend vor Furcht glitt das Mädchen so durch das Meer, fernab von jeder Küste.

Erst am Abend des zweiten Tages erreichten sie ein fernes Ufer. An einer seichten Stelle ging der Stier an Land, ließ die Jungfrau sanft von seinem Rücken gleiten und verschwand vor ihren Blicken.

An seiner Stelle erschien ein herrlicher, göttergleicher Jüngling und sprach: »Ich bin der Beherrscher dieser Insel, die Kreta heißt. Wenn du mich beglückst, werde ich dich vor allen Gefahren beschützen.« Was sollte Europa in dieser Lage tun? Im Gefühl ihrer trostlosen Verlassenheit reichte sie ihm ihre Hand zum Zeichen der Einwilligung, und Zeus war am Ziel seiner Wünsche.

Doch dann verließ er Europa und erhob sich als strahlendes Sternbild an den Himmel, neben den Knöchel des Fuhrmanns. Dort sehen wir ihn so, wie er – nur halb sichtbar – durch das Wasser des Meeres schwimmt, mit seinen Vorderfüßen die Wellen zerteilend.

Europa aber gebar einen Sohn, den sie Minos nannte. Als König von Kreta wurde er zum Begründer der minoischen Kultur, der ersten in Europa, das den Namen seiner Mutter erhielt.

*

Das Sternbild *Stier* umfaßt zwei kleinere Sternbilder, die *Plejaden* und die *Hyaden*. Die *Plejaden* finden wir auf dem Rücken des Stieres und die *Hyaden* bilden seine Stirn, ein liegendes, großes lateinisches V. Diese beiden Sternbilder waren den Menschen anscheinend schon in sehr früher Zeit bekannt, und an sie knüpfen sich mancherlei Legenden.

Die *Plejaden* waren sieben Nymphen, Töchter des Titanen Atlas und der Okeanos-Tochter Pleione, von der sie auch den Namen haben. Mit ihnen verbanden sich Götter, und so wurden sie zu den Stammesmüttern der griechischen Heroengeschlechter. Die schönste von ihnen war Maia, mit der sich der Himmelsvater Zeus vermählte und Hermes, den Götterboten, zeugte. Nur eine der Schwestern, Merope, fand keine Götterliebe und mußte einen Sterblichen heiraten, Sisyphos, den Gründer von Korinth. Aus Scham verbarg sie sich vor ihren Schwestern, und deshalb sehen wir mit bloßem Auge nur sechs Sterne, obwohl man die *Plejaden* seit alten Zeiten das Siebengestirn nennt.

Die *Hyaden* waren Flußnymphen. Ihnen brachte Hermes den jungen Dionysos, welcher später die dionysischen Mysterien begründete, kurz nach seiner Geburt. Dafür, daß sie seinen Sohn stillten und pflegten, wurden die Hyaden von Zeus unter die Sterne versetzt.

SO   S   SW

Dez. 1. 24⁰⁰ Uhr   **Jan.** 1. 22⁰⁰ Uhr   **Feb.** 1. 20⁰⁰ U
       15. 23⁰⁰ Uhr   15. 21⁰⁰ Uhr   15. 19⁰⁰ U

Im Dezember steht der Stier am Abendhimmel hoch im Südosten, im Januar im Süden und steigt dann im Februa
nach Südwesten ab.

Die Namen der Sterne bedeuten:

Aldebaran (arabisch) = Der (den Plejaden) Nachfolgende
Nath (arabisch)   = Der Stoß

Sterngrößen:

0   1   2   3   4   5
und heller   und schwäche

140

Pollux

Castor

Wasat

Mebsuta

Alhena

Tejat Posterior

Tejat Prior

ZWILLINGE

Zwillinge

Castor und Pollux waren Zwillingsbrüder. Pollux hieß eigentlich Polydeukes, und erst die Römer nannten ihn Pollux. Diesen Namen trägt sein Stern heute noch, und so wollen auch wir ihn nennen.

Die Geburt der Brüder ist geheimnisumwoben. Denn Pollux war ein Sohn des Göttervaters Zeus und deshalb unsterblich, während Castor der Sohn des Königs Tyndareus von Lacedämon war. Die Frau des Tyndareus, Leda, gebar beide Söhne zur gleichen Stunde.

Castor und Pollux wuchsen am Königshof als unzertrennliche Brüder heran. Beide waren tapfer und heldenmütig und in allen Leibesübungen sehr geschickt, Castor vor allem im Reiten und Bändigen von Pferden, Pollux im Ringen. Beide nahmen am Argonautenzug teil, als Iason mit den 50 besten Helden Griechenlands im Schiff Argo nach Kolchis fuhr, um das Goldene Vlies (—> Sternbild *Widder)* nach Griechenland zurückzuholen. Weil die Helden wußten, daß die Zwillingsbrüder unter dem besonderen Schutz von Zeus standen, nannte man sie voll Ehrfurcht die *Dioskuren,* das heißt die Söhne des Zeus oder des Gottes.

So begingen die Zwillinge viele Taten, die sie bekannt und berühmt machten. Das Unglück nahte, als Castor und Pollux sich in zwei Schwestern verliebten, in Phöbe und Ilaira. Ihr Vater, ein Priester des Gottes Apollo, gab seine Töchter gerne den Söhnen des Königs zu Frauen. Beim Hochzeitsfest im Palast stellte sich jedoch zum Schrecken aller heraus, daß er seine Töchter früher schon zwei Freunden der Zwillinge, dem Idas und Lynkeus, versprochen hatte. So mußten die Freunde miteinander um die Bräute kämpfen, und das Unheil nahm seinen Lauf.

Castor und Pollux hielten sich in einem hohlen Baum versteckt. Lynkeus, dessen scharfe Augen durch den Baumstamm sehen konnten, erspähte sie jedoch. Sein Bruder Idas warf einen Speer durch den Baumstamm hindurch und traf den ahnungslosen Castor mitten ins Herz. Lautlos sank er seinem Bruder in die Arme.

Jetzt kam Pollux wutentbrannt aus dem Versteck gestürzt, und suchte den feigen Speerwerfer. Entsetzen packte diesen und seinen Bruder, als sie Pollux in seinem rasenden Schmerz erblickten, und sie flohen davon. Pollux aber holte sie ein und erstach den fliehenden Lynkeus von hinten. Idas wurde von Zeus durch einen Blitzstrahl erschlagen.

Pollux stand traurig vor den entseelten Leibern seiner Freunde. Vorbei war sein göttlicher Zorn, jetzt sah er nur das grausame Schicksal. Mit schweren Schritten ging er den Weg zurück. Als er sich neben seinem Bruder niederließ, fühlte er sich selber wie tot. Er fand keine Tränen und konnte auch keinen Gedanken fassen. Ganz leer waren ihm Himmel und Erde und sein eigenes Herz.

Erst am Morgen, als sich das Dunkel der Nacht aufhellte, kam er wieder zu sich. Doch schuf ihm das nur neue Qual. Sterben wollte er und das Licht der Erde verlassen, um die Seele seines Bruders im Hades zu suchen. Da fiel ihm sein Vater ein, und er sprach: »Großer Zeus, allgewaltiger Herrscher, sie sagen, du seiest mein Vater. Die ich Mutter nannte, verhieß mir ein ewiges Leben, den seligen Göttern im Himmel gleich. Doch heute gilt mir das nichts mehr. Wie könnte ich leben, wenn mein Bruder tot ist? Wir sind ja beide nur Eines. Was sollte ich ohne den Bruder in der Schar der Götter? Ich würde siechen und bleichen, wie mein Bruder verblich. Darum, wenn du es kannst, so löse Castor vom Tode und gib auch ihm das ewige Leben. Kannst du es aber nicht, so nimm auch mir mein göttliches Wesen, daß ich, ein Mensch wie er, auch sterbe und bei ihm verbleibe.«

Der himmlische Zeus, der diese Worte des geliebten Sohnes vernahm, wurde von Mitleid ergriffen. Denn niemals zuvor hatte ein Bruder den anderen so tief betrauert. Aber er konnte seinem Sohn weder die Unsterblichkeit nehmen, noch den Tod geben. Und so ließ er ihm im Traum durch Hermes verkünden, daß er mit seinem Bruder abwechselnd einen Tag vereint im Himmel und einen Tag im Reich der Schatten sein würde, auf ewig vereint.

Beglückt hörte Pollux im Traum diese Botschaft und erwachte nie mehr. Denn noch im Schlafe flog seine Seele aus dem irdischen Leib sogleich in den Hades, um dort den Bruder zu suchen und ihm zu verkünden, was die Götter ihnen gewährt.

Seither können wir das Sternbild *Zwillinge* sehen, wie es abwechselnd leuchtend am nächtlichen Himmel steht, und dann in den Hades, das heißt unter den Horizont, sinkt und im Reich der Schatten ist. Auf diese Weise sind die Brüder durch die große Liebe dessen, der die göttlichen Kräfte in sich trug und auf das eigene Seelenheil verzichtete, auf ewig brüderlich vereint.

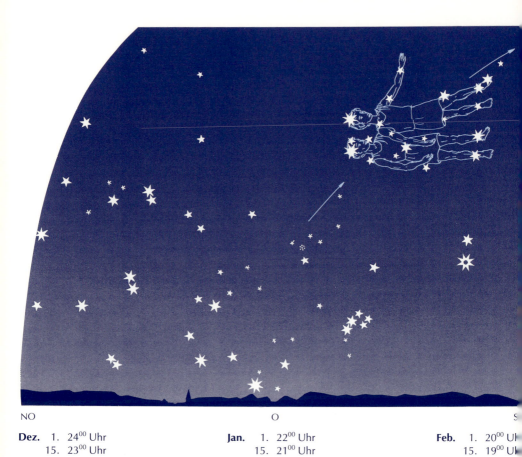

Dez. 1. 24^{00} Uhr   **Jan.** 1. 22^{00} Uhr   **Feb.** 1. 20^{00} Uh
       15. 23^{00} Uhr   15. 21^{00} Uhr   15. 19^{00} Uh

Die Zwillinge steigen in den Abendstunden des Dezember im Osten auf. Sie stehen im Januar im Südosten un
im Februar im Süden, wo man sie nahe dem Zenit suchen muß.

Sterngrößen:

  0   1   2   3   4   5
und heller   und schwäch

Heka

Bellatrix

Betelgeuse

Mintaka

Alnilam

Alnitak

Hatysa

Rigel

Saiph

Arneb

Nihal

ORION UND HASE

Orion

Mit seinen sieben hellen Sternen ist der *Orion* vielleicht das prächtigste Sternbild überhaupt. Wir finden es nahe beim Sirius, dem hellsten Fixstern, den die alten Ägypter mit ihrer Göttin Isis in Verbindung sahen (—> Sternbilder *Kleiner und Großer Hund*). Es erscheint deshalb einleuchtend, daß sie im heutigen Sternbild *Orion* ihren großen Gott Osiris sahen, wie einige Gelehrte glauben. Auch das Sternbild *Fluß Eridanus*, das unter dem linken Fuß des Orion entspringt, wird so verständlicher. Ist dies doch nach der Mythologie und nach mittelalterlichen Darstellungen der Weg der verstorbenen Seelen, die an dem Richter und Herrn der Toten, an Osiris, vorbei müssen. Schaut man die Sternbilder dieser Himmelsregion: *Kleiner und Großer Hund, Orion* und *Fluß Eridanus* so an, dann scheinen sie für das ägyptische Bewußtsein geradezu das Tor des Himmels gewesen zu sein. Das zentrale Sternbild war das Bild Osiris-Orion.

Auch bei den alten Griechen nahm dies Sternbild einen hervorragenden Platz ein, und sie verknüpften mit ihm mancherlei Legenden, von denen wir einige hier wiedergeben wollen.

Schon Homer berichtet in seiner »Odyssee« von ihm und läßt Odysseus von seiner Fahrt in die Unterwelt erzählen:

»Dann erkannte ich auch den ungeheuren Orion,
Wie er die Wiese der Toten das Wild in Rudeln hinabtrieb,
Das er dereinst im Leben auf öden Bergen erschlagen
Unter dem Schwung der Keule, die unzerbrechlich und ehern.«

Die Herkunft und Geburt des Orion sind in ein rätselhaftes Bild gehüllt: König Hyrieus von Boiotien war kinderlos. Er pflegte aber Umgang mit den Göttern und eines Tages besuchten ihn Zeus, Poseidon und Hermes. Er bewirtete sie und zum Dank fragten sie ihn nach einem Wunsch, den sie ihm erfüllen wollten. Sein größter Wunsch war ein Sohn, und das sagte er den Göttern. Sie erfüllten seinen Wunsch auf sonderbare Weise: In die Haut eines Stieres ließen sie ihr Wasser und befahlen dem Hyrieus, die Haut für zehn Monate in der Erde zu vergraben. Dies tat er und am Ende der angegebenen Zeit wuchs aus der Erde ein starker Knabe heraus, dem Hyrieus zur Erinnerung an die Tat der Götter den Namen Orion gab. Orion wurde nach dieser Legende also von drei Göttern mit Gäa, der Erde, gezeugt oder besser: den Tiefen der Erde entbunden; er ist demnach ein Erdgeborener.

Über seine Kindheit und Jugend wissen wir nichts. Er tritt in den zahlreichen Legenden immer gleich als Riese auf, als der große Jäger mit dem Schwert und der ehernen Keule. Als Jäger wanderte er unermüdlich durch das Land.

146

Poseidon, der Gott des Meeres, der zu einem Drittel sein Vater war, hatte ihm die Gabe verliehen, über die Oberfläche des Meeres oder mitten durch das Wasser hindurchschreiten zu können. Auf diese Weise gelangte er zu den verschiedenen Inseln Griechenlands, wo besondere Aufgaben auf ihn warteten. Der Dichter Aischylos hat uns überliefert, daß Orion auch den Hafen von Rhegion gebaut hat, welchen er den »Hafen des schwerttragenden Orion« nennt.

Orion galt den Griechen aber nicht nur als der gewaltigste Jäger und der stärkste Mensch, sondern auch als der schönste. Dies führte zu mancherlei ungewollten und gewollten Liebesabenteuern. Auch davon weiß schon Homer zu berichten:

Eos, die rosige Göttin der Morgenröte, hatte sich in den stattlichen Jäger verliebt und ihn entführt. Die übrigen im Olymp wohnenden Götter sahen es gar nicht gern, wenn eine Göttin sich einem Sterblichen vermählte. Vielleicht waren sie auch eifersüchtig. Sie zürnten jedenfalls und beauftragten die goldenthronende, keusche Artemis, die den schönen Jäger auf Ortygia, vermutlich die Insel Delos, mit ihren Pfeilen hinwegnahm.

Eine andere Legende bringt Orion in einen Zusammenhang mit den *Plejaden* (–> Sternbild *Stier*). Orion begegnete den schönen Mädchen zusammen mit ihrer Mutter Pleione und verliebte sich in sie. Diese wollte jedoch nichts von ihm wissen und floh fünf Jahre vor ihrem Jäger, bis Zeus sie alle an den Himmel versetzte.

Ein anderes Liebesabenteuer sollte Orion zum Verhängnis werden. Er jagte einst auf der Insel Chios zusammen mit Artemis, der jungfräulichen Göttin der Jagd. Als er sich ihr näherte und zudringlich wurde, ließ diese aus der Erde einen Skorpion herauskommen. Langsam kriechend erreichte das Untier der Erde Orions Sohlen und stach ihn in den rechten Fuß, so daß er zu Boden sank. In dieser Stellung wurde er von Zeus als warnendes Beispiel an den Himmel versetzt, und so sehen wir ihn noch heute.

Hase

Über dieses kleine Sternbild zu Füßen des *Orion* gibt es nur eine kurze Legende. Sie besagt, daß Hermes diesen Hasen an den Himmel versetzt hat, weil er seine Schnelligkeit und seine Fruchtbarkeit bewundert habe. Daß dies gleich unterhalb vom *Orion* geschah, unterstreicht dessen Rolle als Jäger. Vom *Hasen* besteht auch eine Beziehung zum *Großen Hund*, denn an einer Stelle heißt es, daß dieser den Hasen jage.

SO   S   S

Dez. 1. 24^{00} Uhr   **Jan.** 1. 22^{00} Uhr   **Feb.** 1. 20^{00} U
        15. 23^{00} Uhr   15. 21^{00} Uhr   15. 19^{00} U

Im Dezember findet man am Abendhimmel Orion und Hase im Südosten, im Januar und Februar im Süden b
Südwesten.

Die Namen der Sterne bedeuten:

Betelgeuse (arabisch) = Schulter des Orion
Nihal (arabisch)   = Nabel
Rigel (arabisch)   = linker Fuß des Riesen

Sterngrößen:

0   1   2   3   4   5
und heller   und schwäch

Cursa

Rana

Azha

Zaurak

Acamar

Achernar

FLUSS ERIDANUS

Fluß Eridanus

Dieser Fluß am Sternenhimmel, der beim Stern Rigel unter dem linken Fuß des *Orions* entspringt, wurde von allen Kulturvölkern verehrt. Die alten Ägypter sahen in ihm ein himmlisches Abbild vom Nil, der ihr ganzes Land durchzieht und belebt. Im *Orion* verehrten sie ihren großen Gott Osiris, den Richter der Toten. Seine direkte Beziehung zum *Fluß Eridanus* deuteten sie so, daß er auf diesem himmlischen Strom mit seinem Totenschiff hinuntergleiten würde.

Die alten Griechen übernahmen das Bild des Stromes, aber sie verbanden es mit einem Sonnenmythos und mit der schönen Legende von Phaethon, die uns Ovid in seinen »Metamorphosen« überliefert hat.

Phaethon war der Sohn von Helios, dem Sonnengott und Lenker des Sonnenwagens. Seine Mutter Klymene, eine Tochter des Weltstromes Okeanos und Thetis, der Göttin des Meeres, vermählte sich dann mit König Merops von Äthiopien. Phaethon wuchs wie ein Sohn des Königs heran. Seine Mutter hatte ihm aber vom wirklichen Vater erzählt, und eines Tages brüstete er sich vor einem Freund mit seiner Herkunft. »Du Tor«, erwiderte jener, »du glaubst der Mutter doch alles und brüstest dich stolz mit einem erlogenen Vater!«

Das traf den Phaethon zutiefst. Er eilte zu seiner Mutter, die ihm nur bestätigen konnte, was sie gesagt hatte, und ihn zu seinem Vater Helios schickte. Freudig eilte der Jüngling durch sein Land Äthiopien und Indien zu dem Ort, wo der Vater täglich am morgendlichen Himmel emporsteigt.

Er fand seinen Vater Helios, doch von dessen Licht geblendet, mußte er in der Ferne stehenbleiben. Der Vater bestätigte ihm, was die Mutter erzählt hatte. »Ich leugne es nicht«, so sprach er, »du bist mein würdiger Sohn. Damit du nicht weiterhin zweifelst, verlange eine Gabe. Was es auch sei, du erhältst es.«

Da erbat sich Phaethon, daß er einen Tag lang den Sonnenwagen lenken dürfe. Vergeblich versuchte der Vater, ihm diesen Wunsch auszureden, doch er war an sein Versprechen gebunden. Er stellte ihm alle Gefahren vor Augen, aber das schreckte den mutigen Jüngling nicht ab. In tiefer Seele betrübt führte Helios seinen Sohn dann zum Sonnenwagen, der aus lauter Gold, Silber und Edelsteinen besteht. Mit heiliger Salbe bestrich er ihm das Antlitz, setzte ihm die Strahlenkrone auf und gab ihm die letzten Ermahnungen: »Meide hier den Südpol und dort das nordische Sternbild der Bärin. Du wirst deutlich die Spuren der Räder erblicken; dies sei dein Weg! Und damit Himmel und Erde die gleiche Erwärmung erhalten, senke dich weder noch türme den Wagen zum obersten Luftraum! Fliegst du zu hoch, so wirst du die himmlischen Häuser verbrennen, oder zu tief, die Erde. Der sicherste Weg ist die Mitte!«

Während er noch diese Worte sprach, leuchtete schon Eos, die Morgenröte. Vergeblich versuchte Helios noch einmal, seinen Sohn von dem gefährlichen Abenteuer abzuhalten. Aber frohgemut bestieg dieser das himmlische Gespann und nahm die leichten Zügel in die Hände. Freudig erfüllten die vier Rosse des Helios die Luft mit Flammenwiehern und ab ging die Fahrt.

Unermeßlich weit breitete sich der himmlische Raum vor Phaethon. Als er jetzt unter sich die Länder erblickte, die tiefer und tiefer sich dehnten, schwindelte ihm. In plötzlichem Schrecken erbebten ihm die Knie und vor der Überfülle des Lichtes wurde ihm dunkel vor den Augen. Was sollte er nun tun? Schon lag eine mächtige Strecke des Himmels hinter ihm, mehr noch vor ihm. Bald blickte er nach vorwärts, nach Westen, und bald schaute er zurück nach Osten.

Ratlos steht er im Wagen, wie betäubt. Die Zügel läßt er nicht fahren, aber er hält sie schlaff. Bebend erschaut er aus nächster Nähe die erstaunlichen Wunder, mit denen der Himmel besät ist. Von seinem erhabenen Platz überschaut er sie alle, die Bilder der riesigen Tiere. Er sieht den Skorpion, wie der in doppeltem Bogen die Arme krümmt und ihn mit dem riesigen Stachel bedroht.

Da läßt er in kaltem Entsetzen und sinnlos die Zügel entgleiten. Diese berühren die Rücken der Rosse. Wie sie das spüren, gehen sie durch, denn es zügelt sie niemand. Sie rasen, wohin ihr Ungestüm sie treibt. Bald geht's steil in die Höhe, bald in die Tiefe, der Erde entgegen. Flammen ergreifen da die Erde. Rissig und dürr wird sie. Die Flüsse trocknen aus, ganze Städte verbrennen und Phaethon sieht voll Schrecken den Erdkreis auf allen Seiten in Flammen.

In ihrer Not rief da die Erde zu Zeus: »Wenn die Meere vergeh'n und die Erde verbrennt, schleudert es uns in das uralte Chaos. Entreiße den Flammen, was uns noch verbleibt, und errette das Weltall!«

Da donnerte Zeus mächtig. Gewaltig holte er mit seiner Rechten aus und schleuderte jäh auf den Lenker den Blitz. Phaethon rollte kopfüber und stürzte, wie ein fallender Stern, vom Himmel. Da nahm ihn der große Fluß Eridanus auf und wusch ihm das rauchende Antlitz. Die Najaden begruben seinen Leib und setzten ihm einen Stein mit der Aufschrift: Phaethon ruht allhier, der den Wagen des Vaters regierte. Meistern konnt' er ihn nicht, doch groß war sein Wagnis!

SO   S   SV

Dez. 1. 24^{00} Uhr   **Jan.** 1. 22^{00} Uhr   **Feb.** 1. 20^{00} U
        15. 23^{00} Uhr   15. 21^{00} Uhr   15. 19^{00} U

Den Fluß Eridanus findet man am besten, wenn man vom linken Fuß des Orion ausgeht, der sozusagen auf de
Quelle steht. Im Dezember muß man ihn im Südosten, im Januar im Süden und im Februar im Südweste
suchen.

Die Namen der Sterne bedeuten:

Achernar (arabisch) = Ende des Flusses
Zaurak (arabisch)   = Kahn

Sterngrößen:

0   1   2   3   4   5
und heller   und schwäch

152

Procyon Gomeisa

Muliphein

Sirius

Mirzam

Wezen

Aludra

Adara

Furud

KLEINER UND GROSSER HUND

Kleiner und Großer Hund

Die hellen Sterne Prokyon und Sirius gehören zu den sechs hellen Sternen, die das leuchtende Winter-Sechseck bilden, an dem man sich in klaren Winternächten gut orientieren kann. Man sieht (im Uhrzeigersinn):

Prokyon *(Kleiner Hund)* – Pollux *(Zwillinge)* – Capella *(Fuhrmann)* Aldebaran *(Stier)* – Rigel *(Orion)* – Sirius *(Großer Hund)*

Sirius ist der hellste Fixstern. Von den alten Ägyptern wurde er und mit ihm das Hundsgestirn als göttlich verehrt. Nach seinem Aufgang und nicht nach der Sonne wurde der Jahresanfang gesetzt. Sie nannten ihn »Sothis« und beobachteten sein erstes Auftauchen am östlichen Morgenhimmel Ende Juli sehr genau, weil er die ersehnte Überschwemmung des Nils und damit den Anfang des neuen Jahres ankündigte. Aber die Priester konnten aus seinem Aufgang noch mehr ablesen. Wenn die Sonne im Sommer ihren höchsten Stand erreicht hatte und wieder abwärts ging, versammelten sich festlich gekleidete Priester in den Hallen des Tempels. Nachdem sie die heiligen Bräuche verrichtet hatten, und der erwartete Augenblick kam, wurde eine Gazelle hereingeführt. Der oberste Priester nahm sie zwischen die Kniee, beobachtete durch ihre Hörner den gerade am Horizont aufgehenden Sirius und konnte aus den dabei gemachten Wahrnehmungen die Ereignisse des kommenden Jahres voraussagen.

Der Sirius wurde von den Ägyptern auch mit zwei ihrer großen Götter in Zusammenhang gebracht. Von Hermes-Anubis, der die Seelen durch alle Zeitenkreise geleitet und auch die Lehre von der Unsterblichkeit der Seele brachte, sagte man, daß er des Sirius Bewohner, sein Lichtgeist und sein Genius sei. Aber auch Isis, die Gemahlin des großen Osiris, wurde im Sirius geschaut. Auf einer Hieroglyphensäule bei Nysa sagt Isis von sich selbst: »Ich bin dieses Landes Königin, von Hermes unterwiesen . . . Ich bin die, die im Stern des Hundes aufgeht.«

Bei dieser großen Verehrung des Sirius kann man verstehen, daß auch der Sonnenmythos vom Vogel Phönix, der immer die neue Sothisperiode einleitete, mit dem Sirius in Zusammenhang gebracht wurde. Es heißt sogar, daß er der Siriusvogel sei. Weil dieser Mythos in solch engem Verhältnis zum Sirius steht und tiefe Aspekte aufzeigt, wollen wir ihn hier wenigstens kurz so darstellen, wie er uns von alten Schriftstellern (Herodot und andere) überliefert ist.

Im Morgenland, in dem die Sonne aufgeht, gibt es einen großen Vogel. Es ist ein Sonnenvogel und deshalb ist ein Teil seines Gefieders golden und der andere rot. An Größe und Gestalt sieht er einem Adler außerordentlich ähnlich.

Dieser Vogel Phönix lebt 500 Jahre. Wenn seine Zeit abgelaufen ist, singt er sich selbst Abschieds- oder Reiselieder und verbrennt sich in der Glut der Sonne in seinem Nest. Aus seiner Asche aber entsteht ein neuer Phönix, der mit heiliger Liebe den Leichnam seines Vaters in Myrrhen einhüllt. Er bildet sich dazu aus Myrrhen ein Ei, und zwar so groß, wie er es gerade noch tragen kann. Hat ihm ein Versuch das gezeigt, dann höhlt er das Ei aus und legt seinen Vater hinein. Die offene Stelle verklebt er wieder mit anderen Myrrhen. Wenn es zugeklebt ist, ist das Ei mit seinem Vater wieder so schwer, wie es vorher war.

Mit diesem Ei in den Krallen fliegt der Phönix nach Heliopolis in Ägypten. Im Bilde hat er bei sich den Stern des großen Jahres, das Bild des Sirius (Sothis). Er bringt seinen Vater zum Tempel des Helios (der Sonne), um ihn in diesem Heiligtum zu begraben. Damit beginnt eine neue Sothisperiode.

Auf vielen ägyptischen Bildwerken finden wir den Phönix so dargestellt, wie ihn Herodot beschrieben hat. Tacitus wußte von vier Erscheinungen des Phönix in historischer Zeit zu berichten, und zwar unter Sesostris, Amasis, Ptolemäus III. und Tiberius.

Die Griechen konnten diesen großen Mythos von Tod und Auferstehung, der von der Persischen Zeit her mit dem Sirius verbunden wurde, wohl nicht mehr verstehen. Auch die Göttlichkeit dieses Sternes war ihnen fremd. Es wird erzählt, daß die Griechen ihn sogar als unheimlich fürchteten. Vielleicht deshalb, weil sie in ihm den Bringer der heißen »Hundstage« sahen. Durch Beschwörungen und andere Sühnegebräuche versuchten sie, die angeblich schädlichen Einflüsse dieses Gestirns abzuwenden oder zu mildern.

Die griechischen Legenden bringen den *Großen und den Kleinen Hund* als Jagdhunde in enge Beziehung zu dem großen Jäger Orion, in dessen Nähe sie ja auch am Himmel zu sehen sind. Der *Kleine Hund* wurde als Vorläufer des *Großen Hundes* aufgefaßt, weil er vor diesem am Horizont aufgeht. Deshalb hat auch sein hellster Stern den Namen Prokyon, das heißt »Vorhund« bekommen. Über den *Kleinen Hund* gibt es noch eine besondere Legende, die wir beim Sternbild *Bootes* bringen werden.

SO   S   SW

Jan.   1. 24^{00} Uhr   **Feb.**   1. 22^{00} Uhr   **März**   1. 20^{00} U
       15. 23^{00} Uhr   15. 21^{00} Uhr   15. 19^{00} U

Im Dezember stehen diese beiden Sternbilder im Osten, im Januar im Südosten und im Februar im Süden
jeweils am Abendhimmel.

Die Namen der Sterne bedeuten:

Prokyon (griechisch)   =   der vorangehende Hund
Sirius (griechisch/lateinisch) =   der Gleißende

Sterngrößen:

   0   1   2   3   4   5
und heller   und schwäche

etnash

Alcor

Mizar

Alioth

Megrez

Dubhe

Phekda

Merak

Talitha

Alula Australe

GROSSER BÄR

Großer Bär

Der *Große Bär* und der Teil von ihm, den wir den *Großen Wagen* nennen, ist eines der ältesten Sternbilder und wohl das bekannteste. Schon bei Homer lesen wir: Odysseus bekommt von der Nymphe Kalypso den Rat, sich bei der Heimfahrt auf dem Meer nach dem Sternbild des Bären zu richten. »Er ward nicht müde, des Nachts auf seinem Floße nach den Plejaden zu schauen und nach dem sinkenden Bootes und dem Bären, den man auch Wagen nennt, der auf derselben Stelle sich drehend stets den Orion beachtet und allein nicht im Okeanos badet.«

Es ist aber eigentlich eine Bärin, wie uns die verschiedenen Legenden, die mit diesem Sternbild verbunden wurden, erzählen. Die vielleicht schönste, in welcher verschiedene Motive in poetischer Form zusammengefaßt wurden, wird uns schon von Ovid in seinen »Metamorphosen« berichtet:

Kallisto, das heißt *die Schönste,* war die Tochter des Königs Lykaon von Arkadien, einem einsamen Hochgebirgsland in der Mitte des Peloponnes. Sie hatte sich von ihren Eltern getrennt und lebte mit den Baum- und Waldnymphen im Gefolge der Jagdgöttin Artemis, die von den Römern Diana genannt wurde. Der Göttin hatte sie bei ihrem Bogen geschworen, jungfräulich wie diese zu bleiben. Artemis lobte sie und sprach: »Bewahre das Bündnis, das du gelobt hast, und du wirst mir stets die erste Begleiterin im Gefolge sein.«

Kallisto nahm sich vor Sterblichen in acht, aber dennoch wurde ihr ihre Schönheit zum Verhängnis. Denn Zeus, der allgewaltige Gott, hatte sich in sie verliebt. Als sie einmal alleine im Walde ruhte, griff er zu einer List und nahte sich ihr in der Gestalt ihrer Führerin. Vor dieser hatte das Mädchen keine Scheu und duldete auch ihre Küsse. Als sie merkte, daß sie getäuscht worden war, wehrte sie sich vergeblich.

Mit Vorwürfen gegen sich selbst irrte Kallisto durch die Wälder, die sie jetzt haßte. Nur schwer konnte sie sich wieder dem Gefolge der Artemis anschließen. Immer lebte sie in Furcht, diese könnte ihr Geheimnis entdecken.

Als sich zum neunten Mal die Sicheln des Mondes rundeten, kamen sie erhitzt an eine Quelle im kühlen Wald. »Kein Zeuge ist nahe«, sagte Artemis, »lasset uns nackt mit Güssen von Wasser die Körper erfrischen.« Während die Nymphen sich eilends entkleideten, zögerte Kallisto, rot vor Scham. Man nahm der Zaudernden die Hüllen und es wurde offenbar, was sie vergeblich zu verdecken suchte. »Weiche von hier, meineidige Tochter des Lykaon«, rief Artemis aus, »und verunreinige nicht den keuschen Quell!« So wurde Kallisto, die sich nicht rechtfertigen konnte, aus dem Kreis der Nymphen vertrieben und floh geängstigt und entehrt in die düstere Einsamkeit der Wälder. Als der Mond sich zum zehnten Mal rundete, schenkte sie einem wunderschönen, starken Knaben das Leben. Sie nannte den Göttersohn Arkas, und von ihm leitet sich das rauhe Geschlecht der Akader her.

Die eifersüchtige Hera jedoch, die Gemahlin des Zeus, hatte alles wahrgenommen. Als Arkas geboren war, kannte ihr Zorn keine Grenzen. Sie verwandelte Kallisto in eine wilde Bärin. Den Geist aber konnte sie ihr nicht nehmen und so irrte Kallisto einsam in den Wäldern Arkadiens umher. Den wilden Tieren wollte sie sich nicht anschließen, weil sie sich vor ihnen fürchtete, und die Menschen verfolgten sie und hetzten sie mit Hunden.

15 Jahre vergingen, und Arkas war zu einem stattlichen Jüngling herangewachsen. Bei Pflegeeltern groß geworden, wußte er nichts von seiner Herkunft und dem Schicksal seiner Mutter. Da kam es im Wald zur ersten Begegnung. Kallisto blieb stehen und erkannte durch ihr fühlendes Mutterherz, daß der Sohn vor ihr stand. Er aber bebte vor dem Blick der Bärin, der ihm bis ins Herz zu gehen schien. Als sie dann näher auf ihn zukam, um sich ihm zu erkennen zu geben, erhob der unwissende Jüngling aus Angst seinen Speer, um sie zu durchbohren.

Doch der allwissende Zeus vereitelte den Frevel. Er erhob beide als Gestirne an den Himmel, und so wurde Kallisto die *Große Bärin* und Arkas zum Stern *Arcturus*, der ihr folgt. Manche sagen sogar, daß er der *Bootes* wäre.

Hera, die dies nicht verhindern konnte, fühlte sich gekränkt. Zornbebend eilte sie in die Tiefe des Weltmeeres zu Okeanos und Thetis, die vor Urzeiten ihre Amme gewesen war. Bei ihnen erreichte sie wenigstens, daß die Bärin nicht, wie die anderen Sterne, jeden Tag in den allumkreisenden Weltenstrom untertauchen darf, um sich zu nähren und zu erfrischen.

Das Bild des *Großen Wagens* ist den meisten wohl noch vertrauter, weil man mit seiner Hilfe den Polarstern findet. Die sieben hellen Sterne des *Großen Bären* kann man leicht als Wagen mit gebogener Deichsel ansehen. Die drei Deichselsterne hielt man früher für die drei Zugpferde, die den Wagen zogen, und auf dem mittelsten, dem Mizar, saß das Reiterlein, der Stern Alcor. Seit alten Zeiten ist dieser ein Augenprüfstern, denn nur mit guten Augen sieht man ihn neben Mizar.

Eine Legende, in welcher der *Große Wagen* eine Rolle spielt, werden wir bei dem Sternbild *Bootes* kennenlernen.

NW   N   N

Dez.	1.	22^{00} Uhr	**Jan.**	1.	20^{00} Uhr	**Feb.**	1.	18^{00} U
	15.	21^{00} Uhr		15.	19^{00} Uhr		15.	17^{00} U

Den Großen Bären findet man immer am Nordhimmel, wo er um den Polarstern herumwandert. Ab November
Dezember steigt er im Nordosten auf.
Die beiden Sterne Merak und Dubhe dienen seit alten Zeiten, um den Polarstern Polaris zu finden. Verlängert ma
ihre Verbindungslinie, die sog. »hintere Achse des Großen Wagen« fünfmal um sich selbst, so kommt man fa
genau zum Himmelspol und zum Polarstern (→ Sternbild *Kleiner Bär*).

Die Namen der Sterne bedeuten:

Alcor	= Reiterlein
Alioth (arabisch)	= dicker, fetter Schwanz
Dubhe (arabisch)	= Rücken
Phekda (arabisch)	= Schenkel

Megrez (arabisch)	= Steiß
Merak (arabisch)	= Lende
Mizar (arabisch)	= Mitte

Sterngrößen:

0	1	2	3	4	5
und heller					und schwäch

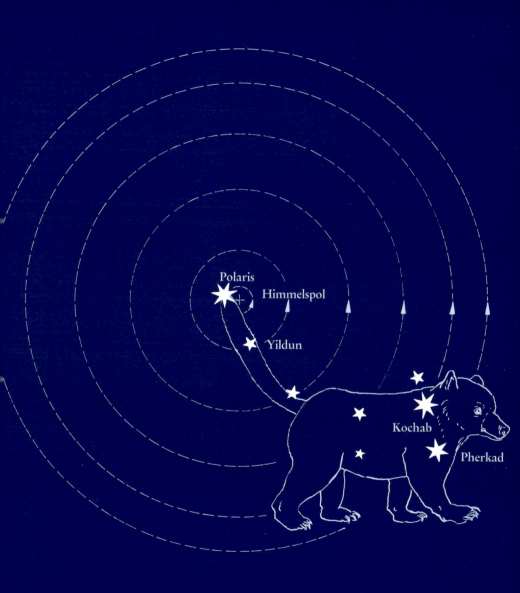

Polaris

Himmelspol

Yildun

Kochab

Pherkad

KLEINER BÄR

Kleiner Bär

Die sieben hellen Sterne des *Kleinen Bären* sind wie ein Spiegelbild der sieben hellen Sterne des *Großen Bären*. Der *Kleine Bär* ist aber dadurch noch besonders ausgezeichnet, daß er dem nördlichen Himmelspol am nächsten ist. Am Ende seines Schwanzes befindet sich Polaris, der dem nördlichen Himmelspol am nächsten stehende Stern, der Polarstern unserer Zeit.

Dies war aber nicht immer so. Denn die beiden Himmelspole – außer dem nördlichen gibt es am südlichen Himmel noch einen Himmelspol, der bei uns nicht zu sehen ist – wandern und beschreiben in einem Platonischen Weltenjahr (25 920 Jahre) zwei Kreise. Vor etwa 4000 Jahren befand sich der nördliche Himmelspol im Schwanz des Sternbildes *Drache*. Er ist dann langsam am Kopf des *Kleinen Bären* vorbei zu dessen Schwanz gewandert und wird zum Sternbild *Kepheus* weiterwandern. Erst seit ungefähr 500 Jahren ist deshalb Polaris der Polarstern und in weiteren 500 Jahren wird sich der Himmelspol so weit von Polaris entfernt haben, daß man ihn nicht mehr Polarstern nennen kann.

Unser Bild zeigt, in welcher Richtung sich die Sterne des *Kleinen Bären* im Tageslauf und im Jahreslauf um den Himmelspol drehen. Da der Himmelspol immer genau im Norden steht, kann man sich mit Hilfe der Sterne des *Kleinen Bären* räumlich und auch zeitlich orientieren: Wer den *Kleinen Bären* und seine Stellung zum Himmelspol kennt, kann am Sternenhimmel sehen, wo auf der Erde Norden ist und welche Stunde der Nacht geschlagen hat. Als es Kompaß und Uhren in unserem Sinne noch nicht gab, orientierten sich die Seefahrer früherer Zeiten deshalb an der Stellung der Sterne. Vor allem die Phönizier, ein altes Seefahrervolk mit hoher Kultur, orientierten sich an den Sternen des *Kleinen Bären,* den man nach ihnen auch »Phoinike« nannte.

In den Legenden, die es um den *Kleinen und Großen Bären* gibt, wird immer deutlich darauf hingewiesen, daß es weibliche Tiere, Bärinnen, sind. Die folgende Legende, sie stammt aus sehr alter Zeit, macht dies deutlich. Sie betrifft alle drei Sternbilder, welche den Himmelspol bewachen: *Kleiner Bär, Drache* und *Großer Bär*.

Diese Legende versetzt uns an den Anfang der Weltentwicklung, wie die Griechen sie sahen. Aus dem Chaos wurden Uranos (der Himmel) und Gäa (die Erde) geboren und regierten als erste Göttergeneration die Welt. Sie wurden von Kronos (Saturn) und Rhea abgelöst. Aber die Entwicklung mußte weitergehen. Kronos wehrte sich dagegen. Denn von seiner Mutter, der Erde Gäa, war ihm geweissagt worden, daß einer seiner Söhne ihn seiner Herrschaft berauben würde. Aus Angst davor verschlang er seine

Kinder sobald sie geboren waren. Rhea aber seufzte über die grausame, alles Werdende verschlingende Macht, mit der sie vermählt war. In tiefem Herzen wußte sie, daß sie den Zeus, den künftigen Beherrscher der Götter und der Menschen gebären sollte. In ihrer Not flehte sie ihre Mutter Gäa und den Vater Uranos, den gestirnten Himmel, um die Erhaltung des Kindes an, das sie gerade trug.

Die von Kronos ihrer Herrschaft enthobenen uralten Gottheiten hatten zwar nichts mehr zu bestimmen, waren aber gerne dazu bereit, aus ihrem größeren Überblick Rat zu geben. Sie rieten ihrer schwangeren Tochter, sich in eine Höhle im unzugänglichen Idagebirge der Insel Kreta zu flüchten, um dort den Zeus zur Welt zu bringen.

Rhea befolgte diesen Rat. Sie brachte das Kind in der Höhle zur Welt, übergab es zwei Nymphen als Ammen zur Pflege und bestellte die Ziege Amalthea, die das Kind mit ihrer Milch nährte. Dann kehrte Rhea zu ihrem Gemahl zurück, wickelte einen Stein in Windeln und gab Kronos diesen statt des neugeborenen Kindes zum Verschlingen.

Kronos merkte zunächst nichts. Denn um das Schreien des kleinen Kindes zu übertönen, führten Kureten vor der Zeus-Höhle ihre Kulttänze auf und schlugen dabei mit ihren Speeren so laut an die Schilde, daß kein Kindergeschrei nach außen drang.

Kronos hatte aber doch eine Ahnung bekommen, die sich immer mehr zur Angst steigerte, und begab sich auf die Suche nach dem Kind. Bevor er aber nach Kreta kam, verwandelte Zeus, der schon als Kind allwissend war, sich in einen Drachen und seine zwei Ammen in Bärinnen. Kronos konnte deshalb nichts finden und mußte unverrichteter Dinge heimkehren.

Als Zeus nach vielen Kämpfen zur Macht kam, versetzte er seine eigene Gestalt während der Verwandlung und zum Dank auch die seiner Ammen als Sternbilder an den Himmel. Und so finden wir sie noch heute. Der Drache bewacht den Pol der Ekliptik, den einzigen ruhenden Pol des Fixsternhimmels. Die Kleine Bärin, die wegen ihres langen Schwanzes den Namen »Kynosura«, das bedeutet »Hundeschwanz«, bekam, bewacht den Himmelspol, und die Große Bärin zeigt ihn uns an. Auch die Ziege wurde von Zeus zum Dank an den Himmel versetzt, wie wir beim Sternbild *Fuhrmann* sehen werden.

NW   N   N

Dez.   1. 22^{00} Uhr   **Jan.**   1. 20^{00} Uhr   **Feb.**   1. 18^{00} Uh
         15. 21^{00} Uhr   15. 19^{00} Uhr   15. 17^{00} Uh

Der Kleine Bär dreht sich immer um den Himmelspol, den er bewacht. Sein Stern Polaris ist der dem Himmelspo
nächste größere Stern. Er wird deshalb Polarstern genannt.

Die Namen der Sterne bedeuten:

Kochab (arabisch) = Stern
Polaris (lateinisch) = Polarstern

Sterngrößen:

0   1   2   3   4   5
und heller   und schwäch

Algenib

Sirrah

Scheat

Markab

Matar

Homam

Enif

Kitalphar

PEGASUS MIT FÜLLEN

Pegasus mit Füllen

Der Pegasus als das Dichterroß, auf dem die beflügelte Phantasie der von den Musen geküßten Dichter gen Himmel steigen kann, ist allgemein bekannt. Weniger bekannt ist, wie es dazu kam, und daß jeder Mensch dieses Bild für die schöpferischen Phantasiekräfte am nächtlichen Himmel sehen kann.

Das geflügelte Pferd Pegasus entsprang dem Blute der schwangeren Gorgone Medusa, als Perseus ihr das Haupt abschlug. Gleich nach seiner Geburt erhob sich das geflügelte Pferd aufwärts zu den unsterblichen Göttern. Dort wohnt es seither. Wenn der allgewaltige Zeus mit Gewitter am Himmel dahineilt, zieht Pegasus seinen Donnerwagen.

Als einst die neun Musen, die singenden Töchter des Zeus, auf dem Helikongebirge in Boiotien ihren Gesang und ihr Saitenspiel so laut und mächtig ertönen ließen, daß alles rundherum belebt wurde und sogar der Berg unter ihren Füßen anfing zu hüpfen, da zürnte Poseidon ihnen. Er schickte den Pegasus, um sie zu beruhigen und ihnen Grenzen zu setzen. Als Pegasus nun auf dem Helikon mit seinem Fuße stampfte, da beruhigten sich die beschwingten Musen wieder. An der Stelle aber, wo er mit seinem Fuße aufgestampft hatte, brach der Dichterquell hervor. An dieser Quelle tanzen seither die Musen und aus dem klaren Quellwasser schöpfen die Dichter ihre Gesänge. Wegen dieser Quelle hat schon im 8. Jh. v. Chr. Hesiod den Pegasus das Dichterroß genannt, das die Dichter aus dem Leid der Erde zum lichten Himmel des Zeus aufwärts trägt.

Pegasus aber kehrte wieder in den Olymp zurück.

Bellerophon war der Sohn des Korintherkönigs Glaukos und der Enkel des Sisyphos und der Plejade Merope (–> Sternbild *Stier).* Er war bei König Prötos in Tiryns, als dessen Frau Anteia sich in den stattlichen Jüngling verliebte. Sie fand jedoch keine Gegenliebe und da schlug ihre Liebe in Haß um. Zu Unrecht beschuldigte sie den Jüngling bei ihrem Mann. König Prötos wollte aber nichts damit zu tun haben und schickte Bellerophon zu seinem Schwiegervater Jobates, dem König von Lykien. Auf einem zusammengelegten Täfelchen, das er mitgab, schrieb er seinem Schwiegervater, daß er den Jüngling hinrichten lassen solle.

Bevor König Jobates diese Mitteilung las, hatte er den Gast schon liebgewonnen. Andrerseits konnte er nicht annehmen, daß sein Schwiegersohn ohne wichtigen Grund den Tod für ihn fordere. Deshalb stellte er Bellerophon eine Aufgabe, die so gefährlich war, daß er sie lebend nicht überstehen würde.

Ein feuerspeiendes Ungeheuer verwüstete nämlich zu jener Zeit Lykien. Es war die Chimaira, welche der gräßliche Typhon mit der riesigen

Schlange Echidna gezeugt hatte. Vorne sah sie wie ein Löwe, hinten wie ein Drache und in der Mitte wie eine Ziege (chimaira, daher ihr Name) aus. Aus ihrem Löwenmaul spie sie Feuer und einen alles versengenden Gluthauch.

Als die Götter sahen, welcher Gefahr Bellerophon ausgesetzt wurde, bekamen sie Mitleid mit dem schuldlosen Jüngling. Während er auf dem Wege zu dem Ungeheuer war, schickten sie ihm das himmlische Flügelroß Pegasus. Dies hatte aber noch nie einen sterblichen Reiter getragen und ließ sich von Bellerophon nicht einfangen. Müde von seinen Anstrengungen, schlief dieser am Quell Pirene, wo er das Roß gefunden hatte, ein. Da erschien ihm im Traum seine Beschützerin Athene, hielt in der Hand ein goldenes Zaumzeug und sprach: »Nimm diesen Zaum und du wirst das Pferd zähmen!« Er nahm das Zaumzeug, erwachte, und hielt es tatsächlich in seiner Hand. Damit gelang es ihm, Pegasus ohne alle Mühe die Zügel anzulegen, ihn zu besteigen und zu bändigen.

Pegasus brachte den Bellerophon zu der Chimaira. Aus der Luft griff er das Ungeheuer an, und nach einem schweren Kampf gelang es ihm schließlich, dies fürchterliche Scheusal zu töten.

Das himmlische Flügelroß trug seinen Reiter von Abenteuer zu Abenteuer. Bellerophon bestand alle Gefahren siegreich, wurde dann aber übermütig. Er bestieg sein Flügelroß und wollte mit ihm in den Himmel aufsteigen, um zu den Ewigen zu gelangen oder sich davon zu überzeugen, ob es droben wirklich Götter gäbe. Eine solche Vermessenheit wollten diese nicht zulassen und schickten eine Bremse, deren Stich Pegasus rasend machte. In der Luft hoch aufbäumend, warf es seinen Reiter ab, der aus stolzer Höhe zur Erde stürzte. Er überlebte zwar den Sturz, war aber seither gelähmt. Einsam und vor den Menschen verborgen, überließ er sich finsterer Schwermut, bis ihn der Gram verzehrte.

Pegasus aber kehrte, von allem irdischen Zwang befreit, zum Olymp zurück. Als abschreckendes Beispiel für alle Hochmütigen versetzte Zeus seine Gestalt in dem Augenblick, als er den Bellerophon abwarf, an den Himmel.

Über das *Füllen*, dessen Kopf vor dem Pegasus am Himmel gesehen wurde, gibt es aus dem Altertum keine besonderen Legenden. Es wurde wohl als der Pegasus der Zukunft angesehen.

SW   W   NW

Dez. 1. 22^{00} Uhr   **Jan.** 1. 20^{00} Uhr   **Feb.** 1. 18^{00} Uhr
         15. 21^{00} Uhr   15. 19^{00} Uhr   15. 17^{00} Uhr

Den Pegasus und sein Füllen sieht man in den Wintermonaten besonders gut. Während er im Herbst auf dem Rücken zu liegen scheint, steigt er in den Abendstunden des Dezember im Westen ab und ist auch noch im Januar im Westen gut zu sehen.

Die Namen der Sterne bedeuten:

Algenib (arabisch) = Flügel   Matar (arabisch) = Knie
Enif (arabisch)   = Nase   Scheat (arabisch) = Vorderfuß
Homam (arabisch) = Hals   Sirrah (arabisch) = Nabel
Markab (arabisch) = Schulter

Sterngrößen:

0   1   2   3   4   5
und heller   und schwächer

REGISTER

Achilleus 66
Adler 59, 67, 76, 80, 83, 96, 129
Adler und Pfeil 81 ff.
Äpfel der Hesperiden 125, 129
Äskulapstab 71
Aietes von Kolchis, Sohn des Helios 33, 135
Aigipan 93
Aigokeros 93
Aischylos 147
Akrision von Argos 116
Alcor (»Reiterlein«) 159
Aldebaran (Stier) 38, 42, 118, 154
Alkmene 124
Amalthea 93, 163
Amphitrion 124
Amphitrite 48 f., 109
Amyone, Fluß 37
Andromeda 104 f., 108, 109, 111 ff., 117, 120 f.
Antares 56, 57, 60, 64, 72
Anteia von Tiryns 166
Anubis 54
Aphrodite 28, 49
Apollon 70, 78, 87, 128, 142
Arat von Soloi 41
Arcturus 29, 43, 45, 46, 50, 56, 68, 159
Ares 33
Argonauten 32 f.
Argos 32, 37, 142
Ariadne 48 f.
Arion 86 f.
Arkas, Sohn der Kallisto 45, 159
Artemis 129, 139
Asklepios 66, 70 f.
Astrea 29
Athamas von Boiotien 134
Athene 28, 32, 37, 40, 49, 71, 117, 121, 129, 167
Atlas 129, 139

Bärin 150, 158 f., 162
Becher 35 f.
Bellephon 166 f.
Bootes 30, 43 ff., 48, 50, 155, 159

Capella (Fuhrmann) 39, 41, 42, 154
Castor 32, 75, 141 f.
Charon, Fährmann 79
Chimaira 166 f.
Chiron 32, 63, 66 f., 70, 83, 124
Chrysaor 166 f.

Danaë 116
Demeter 28 f., 44, 45
Deneb 76, 80, 84, 88
Delphi 32, 37, 86 f., 116, 128, 134
Delphin 85 ff., 128
Derketo (Isis) 97
Deukalion 96 f., 128
Dike 29
Diomedes 32
Dione 101
Dionysos 44
Dioskuren 142
Dodona 32
Drache 13, 127 ff., 162
Dreieck 135

Echidna 166
Ekliptik 13, 101
Ekliptik-Pol 127, 128, 130
Eleusis 29
Eos 147, 151
Epidaurus 70
Erichthonios, Sohn des Hephaistos 40
Eridanus, Fluß 41, 59, 146, 149 ff.
Euphrat 62, 96
Europa 138 f.
Eurydike 79
Eurystheus von Mykene 20, 24, 37, 124 f., 129

Faden der Ariadne 49
Fische 11, 15, 97, 99 ff.
Fluß Eridanus 41, 59, 146, 149 ff.
Fomalhaut 95, 98, 102
Frühlingspunkt 15, 99, 101
Füllen 167, 168
Fuhrmann 39 ff., 116, 154, 163

Gäa 162 f.
Gaia 100, 128
Ganymed 97
Gemma 47, 50, 56, 60, 68, 72, 126, 130
Glaukos 71, 166
Goldenes Vlies 32 f., 135, 142
Gorgone Medusa s. Medusa
Großer Bär 12, 30, 45, 46, 108, 157 ff., 162
Großer Hund 146, 147, 153
Großer Wagen 108, 158 f.
Gula 96

Hades 29, 71, 74, 117
Hase 145, 147
Hekate 28
Helena 75
Heliopolis 134, 154
Helios 28, 41, 58, 87, 150, 151, 155
Helle 134
Hellespont 135
Heniochus s. Fuhrmann
Hephaistos 40, 48
Hera 20, 32, 124, 129, 159
Herakles 20, 24 f., 32 f., 36 f., 66, 83, 124 f.,
    129
Herkules 83, 123 ff., 129
Hermes 29, 40 f., 78 f., 92, 117, 121, 134,
    139, 146, 147
Hermes-Anubis 154
Herodot 154
Hesekiel 59
Hesiod 63, 166
Hesperis 129
Himmelsäquator 13, 14, 15, 101
Himmelspol 161, 162, 163, 164
Hippodameia 40 f., 116
Hippolytos 71
Homer 63, 147, 156
»Hundstage« 155
Hyaden 139
Hydra 20, 35 ff., 66 f.
Hydra von Lena 36 f.
Hyrieus von Boiotien 146

Iason 32 f., 66
Idas 32, 142
Ikarios 44
Ilaira 142
Iolaos 37
Iris 29
Isis 146, 154

Jobates von Lykien 166
Jungfrau 12, 14, 15, 28 ff.

Kadmos 100 f., 134
Kalliope 78
Kallisto 45,158 f.
Kalypso 158
Kassiopeia 12, 104, 107 ff., 112, 120, 121
Kekrops von Athen 40
Keleos von Eleusis 28
Kepheus 103 ff., 108, 112 f., 120, 121
Ketos 120
Kleiner Bär 41, 66, 93, 128, 161 ff.
Kleiner Hund 146, 153 ff.
Klymene 150
Klytämnestra 75
Kolchis 32 f.
Koronis 70
Krebs 19 ff.
Kreuz des Südens 12
Kronos (Saturn) 66, 67, 82
Krotos 63

Ladon 129
Leda 75
Leier 76, 77 ff.
Lerna 20, 37
Lernäische Hydra 125
Lernäische Schlange 66 f.
Leto 128
Löwe 23 ff., 37, 59
Löwe von Nemea 24 f., 37, 67
Lynkeus 32,142
Lynkeon von Arkadien 158

Maia 139
Maja 78
Marduk 62 f., 92
Medea 33
Medusa 71, 104, 112, 113, 116, 117, 120, 121, 166
Merope 166
Merops von Äthiopien 150
Michael, Erzengel 55
Minos von Kreta 48 f., 139
Minotauros 48 f.
Myrtilos 40 f.

Nephele 134
Nemeischer Löwe 125
Nemesis 74 f.
Nereiden 49, 109, 120
Nonnos von Panopolis 44
Nördliche Krone 47 f.
Nyx 74

Odysseus 158
Oinomaos von Pisa und Elis 40 f., 116
Okeanos 150, 158 f.
Olympia 40
Orion 11, 58, 145 ff., 152, 154, 155, 158
Orpheus 78 f.
Osiris 146, 150, 154
Osiris-Orion 146

Pan 92 f.
Pegasus 117, 165 f.
Pelias 32
Pelleus 66
Pelops 40 f.
Pergamon 71
Persephone 28 f., 79
Perseus 104 f., 108, 109, 112, 115 ff., 120 f., 124, 166
Phaeton, 58 f., 150 f.
Philika 66
Phineus 105
Phöbe 142
Phönix 154 f.

Phoibos-Apollon 36
Phrixos 34, 134 f.
Plejaden 139,147
Plutarch 71, 87
Pluto, Nymphe 100
Pluton 28, 79
Polarstern 12, 13, 15, 159
Pollux (Zwillinge) 34, 154
Polydeukes 32, 75
Polymos 45
Poseidon 33, 41, 48, 49, 117, 120, 146 f.
Praesepe (Sternhaufen) 20
Prötos von Tiryns 166
Prometheus 67, 129
Ptolemäus 58, 63, 67
Pyrrha 96
Python 128

Rabe 35 f.
Regulus 25, 34, 38
»Reiterlein« 159
Rhea 162 f.
Rigel (Orion) 154

Saturn 162
Schiff Argo 31 ff., 78, 125, 135
Schlange 36, 69 ff.
Schlangenträger 66, 69 ff.
Schütze 14, 61 ff., 66, 92
Schwan 73 ff., 80
Selene 24
Sirius 34, 146, 155, 156
Sisyphos 139, 166
Skarabäus 20
Skorpion 14, 54, 56 ff.
Sommerdreieck 76, 80
Sothis 154 f.
Steinbock 91 ff.
Stier 42, 59, 78, 147, 100, 137 ff., 166
Spica 12, 28, 30, 46, 50, 56, 60, 68, 72

Tacitus 155
Tantalos 40, 100
Themis 96, 128

Theseus 48 f., 71
Thetis 150
Thyrsosstab 67
Tiamat, Urdunkelheit 62 f.
Tigris 62, 96
Triptolemos von Eleusis 28 f., 44
Tyndareus von Lacedämon 71, 75, 141
Typhon 93, 100 f.

Uranus 162 f.

Vega 76, 77, 80, 84, 126, 130

Waage 53 ff., 58, 59, 101
Walfisch 108, 113, 119 ff.

Wassermann 15
Wassermann und südlicher Fisch 95 ff., 128
Widder 15, 32, 40, 133 ff., 142
Wolf 67

Zenit 106, 114
Zentaur 63, 83, 124
Zentaur mit Wolf 65 ff.,
Zeus 20, 28 f., 32 f., 36, 40, 45, 63, 66, 67,
71, 74 f., 78, 82 f., 96, 97, 100, 121,
124, 138, 139, 142 f., 146, 147, 151,
159, 162, 166
Zirkumpolarsterne 106, 108, 110, 118, 130
Zwillinge 14, 32, 75, 141 ff., 154

LITERATURNACHWEIS

Ägyptisches Totenbuch
Übersetzt und kommentiert von
Gregoire Kolpaktchy
Scherz-Verlag
München 1998

Aratos (Arat von Soloi)
»Phainomena«
Sternbilder und
Wetterzeichen
Griechich-deutsch ed.
Manfred Erren
Heimeran Verlag,
München 1971

Běcvář, Antonin
»Atlas of the Heavens«
Massachusetts 1964

Brommer, Frank
»Herakles«
Böhlau Verlag, Köln 1953

Bronsart, von, H.
**»Kleine Lebensbeschreibung
der Sternbilder«**
Franckh' sche Verlagshandlung,
Stuttgart 1963

Creuzer, Georg Friedrich
**»Symbolik und Mythologie
der alten Völker,
besonders der Griechen«**
Georg Olms Verlag,
Hildesheim 1973

Homer
»Ilias«
Übertragen von
Johann Heinrich Voss

Homer
»Odyssee«
Übertragen von
Johann Heinrich Voss

Homerische Hymnen
Griechisch und deutsch
Herausgegeben von Anton Weiher
München 1990

Julius, Frits Hendrik
»Die Bildersprache des Tierkreises«
J. Ch. Mellinger Verlag, Stuttgart 1991

Keller, Liane
»Mythos der Sterne«
J. Ch. Mellinger Verlag,
Stuttgart, 1979

Kerényi, Karl
»Die Mysterien von Eleusis«
Rhein Verlag, Zürich 1962

Kroker, Ernst
»Katechismus der Mythologie«
Verlagsbuchhandlung Weber,
Leipzig 1891

Kunitzsch, Paul
»Arabische Sternnamen in Europa«
Otto Harrassowitz-Verlag
Wiesbaden 1959

Moritz, Karl Philipp
**»Götterlehre oder mythologische Dichtun-
gen der Alten«**
Nachdruck Insel Verlag 1999

Nonnos von Panopolis
»Dionysiaka«
Verdeutscht von
Thassilo von Scheffer
Dieterisch' sche Verlags-
buchhandlung, Wiesbaden

Ovid (Publius Ovidius Naso)
»Fasten« (Festkalender)
Artemis München 1995

Ovid (Publius Ovidius Naso)
»Metamorphosen«

Preller, L.
»Griechische Mythologie«
1860, Nachdruck Zürich 1964 ff

Ptolemäus
»Handbuch der Astronomie«
Übertragen von K. Manitius
Leipzig 1963

Rabinovitch, Melitta
»Der Delphin in Sage und Mythos der Griechen«
Hybernia-Verlag, Dornach 1947

Ranke-Graves, von, Robert
»Griechische Mythologie«
Quellen und Deutung
Rowohlt Taschenbuch Verlag, 1986

Rose, Herbert Jennings
»Griechische Mythologie«
Verlag C. H. Beck, München 1997

Schadewaldt, Wolfgang
»Sternsagen«
Insel, Frankfurt 1989

Scheffer, von, Thassilo
**»Hellenische Mysterien
und Orakel«**
W. Spemann-Verlag, Stuttgart 1948

Scheffer, von, Thassilo
»Die Kyprien«
Dieterich' sche Verlagsbuchhandlung,
Wiesbaden 1947

Scheffer, von, Thassilo
**»Die Legenden der Sterne
im Umkreis der antiken Welt«**
Rowohlt Berlin-Stuttgart, 1940

Schuré, Edouard
»Die Heiligtümer des Orients«
Nachdruck, Stuttgart 1991

Schwab, Gustav
**»Die schönsten Sagen
des klassischen Altertums«**

Stapleton, Michael
**»Lexikon der griechischen und
römischen Mythologie«**
Xenos Verlagsgesellschaft m.b.H. 1978

Stein, Nora
»Aus Michaels Wirken«
Stuttgart 1983

Stümpke, Sissy
»Delphine wie sie wirklich sind«
Wilh. Moestel Verlag, Fürth 1979

Ungnad, Arthur
**»Die Religion der Babylonier
und Assyrer«**
Eugen Diedrichs-Verlag, Jena 1921

Vehrenberg, Hans
und Dieter Blank
»Handbuch der Sternbilder«
Düsseldorf 1981

Vollmer
»Wörterbuch der Mythologie«
Stuttgart 1874, Nachdruck Leipzig 1995

Werner Perrey

Sternbilder

Himmelsatlas für das ganze Jahr

120 Seiten, davon 72 Himmelskarten, 12 Abb., gebunden

In zwölf Schritten, die den zwölf Monaten und den Tierkreiszeichen entsprechen, hat Werner Perrey den Sternhimmel so dargestellt, wie wir ihn über dem Horizont sehen, und mit den nach Überlieferung der Antike neu gezeichneten Sternbildern unterlegt.

Elke Blattmann

Geheimnisvolle Sternenwelt

Eine phänomenologische Betrachtung des Fixsternhimmels

236 Seiten, 14 Tafeln, 50 Abb., kartoniert

Diese für Laien gut verständliche Darstellungen ergänzen den Himmelsatlas von Werner Perrey, indem sie die Betrachtung der Sternbilder betont auf die Tierkreiszeichen ausrichten und diese dadurch dem Leser in ihren verschiedenen Charakteristiken vertraut machen. Eine Besonderheit dieses Buches ist die Einbeziehung des südlichen Sternenhimmels, so daß das Firmament in seiner Zwölfgliedrigkeit und zugleich in seiner erdumspannenden Ganzheit erfahren werden kann.

URACHHAUS